普通高等院校计算机基础教育系列教材
南宁师范大学教材建设基金资助出版

Java 面向对象程序设计

主　编　陆建波
副主编　蒋雪玲　苏杨茜
参　编　李松钊　覃正优
　　　　刘春霞　戴智鹏

北京理工大学出版社
BEIJING INSTITUTE OF TECHNOLOGY PRESS

内 容 简 介

本书通过丰富、实用的精选实例将面向对象的程序设计方法与 Java 语言相结合，注重培养读者使用面向对象的思维方法分析问题和解决问题的能力。全书共 8 章。第 1 章介绍了编程语言的发展、Java 语言的特点、运行机制和 Eclipse 集成开发环境；第 2 章介绍了 Java 语言基础；第 3 章介绍了面向对象的基本理论、原理、技术方法、设计原则以及相关的哲学思考；第 4 章介绍了 Java 异常类、数据库连接类等高级特性；第 5 章介绍了网络编程的常用类；第 6 章介绍了 Java 常用图像处理类、图像增强技术、图像分割算法及图像处理在人脸识别、二维码生成中的应用；第 7 章介绍了 Java 数据处理的流程；第 8 章介绍了 Android 开发流程。

本书通俗易懂，实例丰富，可作为高等院校计算机类、人工智能类、数据科学与大数据技术类、信息管理与信息系统类专业相关课程的教学教材，也可作为自学、函授或培训的教材或参考书。

版权专有　侵权必究

图书在版编目（CIP）数据

Java 面向对象程序设计/陆建波主编. ——北京：北京理工大学出版社，2022.1（2022.2 重印）

ISBN 978-7-5763-0872-3

Ⅰ. ①J… Ⅱ. ①陆… Ⅲ. ①JAVA 语言-程序设计-高等学校-教材 Ⅳ. ①TP312.8

中国版本图书馆 CIP 数据核字（2022）第 013224 号

出版发行 / 北京理工大学出版社有限责任公司

社　　址 / 北京市海淀区中关村南大街 5 号

邮　　编 / 100081

电　　话 /（010）68914775（总编室）

　　　　　（010）82562903（教材售后服务热线）

　　　　　（010）68944723（其他图书服务热线）

网　　址 / http://www.bitpress.com.cn

经　　销 / 全国各地新华书店

印　　刷 / 涿州市新华印刷有限公司

开　　本 / 787 毫米×1092 毫米　1/16

印　　张 / 15.25

字　　数 / 355 字

版　　次 / 2022 年 1 月第 1 版　2022 年 2 月第 2 次印刷

定　　价 / 45.00 元

责任编辑 / 江　立

文案编辑 / 李　硕

责任校对 / 刘亚男

责任印制 / 李志强

图书出现印装质量问题，请拨打售后服务热线，本社负责调换

前　言

近年来人工智能、大数据、互联网等科学技术迅猛发展，社会的信息化对大学生的信息处理与应用能力提出了更高的要求。面向对象思维是信息学科专业的学生必备的核心专业素养。面向对象中的最典型的语言是 Java。Java 应用范围极为广泛，在网络、图像、人工智能、数据科学、移动开发、互联网应用方面极具优势。

本书的编写顺应了当今计算机新技术的发展趋势，注重培养学生应用面向对象的思维方法分析问题和解决问题的思维方式与意识。

本书主要特点如下。

（1）在内容组织上，力求突出知识的基础性、应用性。选择基础的面向对象的理论知识、基础的 Java 特性，结合具体应用实例的面向对象设计原则、数据库、网络编程、图像增强技术与分割算法、数据处理技术、大数据分析可视化、Android 开发为本书的主要内容。

（2）在表达形式上，侧重以实例图形、图像以及过程步骤的截图对知识点及操作进行展示，利于读者直观、具体地理解。

（3）在教学方法上，主要采用了实例教学法。围绕各知识点，我们精选了具有代表性、实用价值的学习、生活、工作中的实例，如人脸识别、网络聊天、聚类分析、Android 应用 App 等，力求通过对实例的分析和处理，将理论与应用结合，加深理解，从而达到举一反三、学以致用的目的。

（4）在写作方法上，本书语言精练、通俗易懂、结构清晰，各章节内容连接自然流畅，知识点分布合理。

（5）本书有丰富的配套教学资源。为了让学生巩固所学知识，提高动手实践能力，我们编写了丰富的线上、线下练习题库，制作了丰富的微课资源、技术资料，如需获取本书的相关资源可与作者联系，联系信息为 55082388@qq.com。

本书的参编人员均为从事本课程教学的一线教师，具有多年教学经验。本书由南宁师范大学陆建波担任主编，南宁师范大学蒋雪玲、苏杨茜担任副主编。各章节的编写分工为，陆建波、刘春霞负责编写第 1 章，蒋雪玲负责编写第 2 章和第 4 章，陆建波负责编写第 3 章，李松钊负责编写第 5 章，覃正优负责编写第 6 章，苏杨茜负责编写第 7 章，李松钊、戴智鹏负责编写第 8 章。

在编写过程中，南宁师范大学计算机与信息工程学院研究生孟一帆、刘晓彬、宋庆兰、丘馥祯，本科生刘龙锦等参与了本书的部分代码编写、插图绘制工作。在此，向这些同学表示感谢。

计算机技术发展日新月异，由于编者能力有限，书中难免存在不足之处，恳请各位读者和专家给予批评指正。

编者
2021 年 10 月

目 录

第1章 Java 概述及开发环境搭建 ··· 001

1.1 Java 概述 ··· 001
1.1.1 Java 的诞生 ··· 001
1.1.2 Java 的发展历史 ··· 002
1.1.3 Java 的特点 ··· 003
1.1.4 Java 的运行机制 ··· 004
1.1.5 Java 的现状和应用前景 ·· 005
1.2 Java 开发环境 ·· 006
1.2.1 JDK 的安装与配置 ··· 007
1.2.2 Eclipse 的使用 ··· 011
1.2.3 Eclipse 的常用功能 ·· 016
1.3 课程学习建议 ·· 018
1.4 本章小结 ··· 019
习题 ·· 019

第2章 Java 基础程序设计 ·· 020

2.1 标识符与关键字 ··· 022
2.1.1 标识符 ··· 022
2.1.2 关键字 ··· 022
2.2 基本数据类型 ·· 022
2.2.1 变量与常量 ··· 023
2.2.2 布尔型 ··· 024
2.2.3 字符型 ··· 024
2.2.4 整型 ··· 024
2.2.5 浮点型 ··· 025
2.3 类型转换 ··· 025
2.4 输入、输出数据 ··· 026
2.4.1 输入基本型数据 ·· 026
2.4.2 输出基本型数据 ·· 027
2.5 数组 ·· 027
2.5.1 声明数组 ·· 028

2.5.2 为数组分配元素 …… 028
2.5.3 数组元素的使用 …… 029
2.5.4 length 的使用 …… 029
2.5.5 数组的初始化 …… 030
2.5.6 数组的引用 …… 030
2.6 运算符与表达式 …… 031
2.6.1 算术运算符与算术表达式 …… 031
2.6.2 关系运算符与关系表达式 …… 032
2.6.3 逻辑运算符与逻辑表达式 …… 033
2.6.4 赋值运算符与赋值表达式 …… 033
2.6.5 运算符综述 …… 034
2.7 语句概述 …… 034
2.7.1 条件语句 …… 035
2.7.2 switch 开关语句 …… 037
2.7.3 循环语句 …… 039
2.8 本章小结 …… 043
习题 …… 044

第 3 章 面向对象 …… 045

3.1 面向过程与面向对象 …… 046
3.2 类与对象 …… 048
3.2.1 类与对象的定义 …… 048
3.2.2 访问权限 …… 050
3.2.3 Java 类的命名规范 …… 051
3.3 面向对象的主要特征 …… 051
3.3.1 封装 …… 051
3.3.2 继承 …… 053
3.3.3 多态 …… 055
3.4 类的使用 …… 057
3.4.1 类的创建与引用 …… 057
3.4.2 匿名对象 …… 062
3.4.3 内部类 …… 062
3.4.4 final 关键字 …… 065
3.4.5 instanceof 关键字 …… 066
3.4.6 this 关键字 …… 066
3.5 抽象类 …… 067
3.6 接口 …… 068
3.7 统一建模语言 …… 070
3.8 面向对象设计原则 …… 074
3.8.1 开闭原则 …… 075
3.8.2 依赖倒转原则 …… 076

    3.8.3 单一职责原则 …………………………………………………………… 077
    3.8.4 合成复用原则 …………………………………………………………… 078
    3.8.5 里氏替换原则 …………………………………………………………… 078
    3.8.6 接口隔离原则 …………………………………………………………… 081
    3.8.7 迪米特法则 ……………………………………………………………… 081
  3.9 面向对象的哲学思考 …………………………………………………………… 082
  3.10 本章小结 ………………………………………………………………………… 084
  习题 …………………………………………………………………………………… 084

第4章 包与常用类 …………………………………………………………………… 085

  4.1 包 ………………………………………………………………………………… 086
    4.1.1 包的作用 ………………………………………………………………… 087
    4.1.2 创建包 …………………………………………………………………… 087
    4.1.3 类的存放路径 …………………………………………………………… 087
    4.1.4 Java 中的常用包 ………………………………………………………… 088
    4.1.5 import 语句 ……………………………………………………………… 088
  4.2 异常类 …………………………………………………………………………… 090
    4.2.1 try-catch 语句 …………………………………………………………… 092
    4.2.2 自定义异常类 …………………………………………………………… 093
  4.3 常用系统类 ……………………………………………………………………… 095
    4.3.1 String 类 ………………………………………………………………… 095
    4.3.2 StringBuffer 类、StringBuilder 类 ……………………………………… 098
    4.3.3 Date 类 …………………………………………………………………… 099
    4.3.4 Calendar 类 ……………………………………………………………… 100
    4.3.5 随机类 …………………………………………………………………… 101
  4.4 数据库类 ………………………………………………………………………… 102
    4.4.1 JDBC ……………………………………………………………………… 102
    4.4.2 连接数据库 ……………………………………………………………… 103
    4.4.3 数据库操作 ……………………………………………………………… 105
    4.4.4 预处理语句 ……………………………………………………………… 112
    4.4.5 事务 ……………………………………………………………………… 114
  4.5 本章小结 ………………………………………………………………………… 117
  习题 …………………………………………………………………………………… 117

第5章 Java 网络编程 ………………………………………………………………… 118

  5.1 概述 ……………………………………………………………………………… 119
  5.2 网络编程常用类 ………………………………………………………………… 119
    5.2.1 InetAddress 类 …………………………………………………………… 119
    5.2.2 URL 类 …………………………………………………………………… 120
    5.2.3 Socket 类与 ServerSocket 类 …………………………………………… 123
    5.2.4 DatagramSocket 类与 DatagramPacket 类 …………………………… 126

5.3 Java 网络编程应用实例 128
　　5.3.1 使用 UDP 实现聊天功能 128
　　5.3.2 使用 TCP 实现上传文件功能 132
5.4 本章小结 136
习题 136

第 6 章　Java 图像处理 138

6.1 图像处理基础 139
　　6.1.1 基础知识 139
　　6.1.2 基于 Java 的图像基本操作 140
6.2 图像增强 152
　　6.2.1 概述 152
　　6.2.2 图像灰度变换 153
　　6.2.3 直方图增强 155
　　6.2.4 图像平滑 158
　　6.2.5 图像锐化 162
6.3 图像分割 164
　　6.3.1 图像分割原理 164
　　6.3.2 图像的边缘检测 164
　　6.3.3 基于 K-Means 的图像分割算法 166
6.4 图像处理应用 172
　　6.4.1 生成二维码 172
　　6.4.2 人脸识别 174
6.5 本章小结 176
习题 176

第 7 章　Java 与数据科学 178

7.1 数据获取及清洗 179
　　7.1.1 使用 Apache Commons IO 进行文件操作的常用方法 179
　　7.1.2 使用 Apache Tika 提取 PDF 文本 180
　　7.1.3 使用 Jsoup 从网站获取数据 183
　　7.1.4 使用正则表达式清洗数据 185
7.2 数据统计 186
　　7.2.1 使用 Apache Commons Math 计算描述性统计指标 187
　　7.2.2 使用 Apache Commons Math 进行频率分布统计 188
7.3 聚类分析 189
　　7.3.1 使用 Weka 的图形界面完成聚类 189
　　7.3.2 使用 Weka 的 Java K-Means 实现聚类 190
　　7.3.3 使用 Apache Commons Math 进行聚类分析 193
7.4 数据可视化 195
　　7.4.1 使用 JFreeChart 绘制图形 196

7.4.2　使用 GRAL 绘制图形 …… 202
7.5　本章小结 …… 203
习题 …… 204

第 8 章　Android 与 Java …… 205

8.1　初识 Android …… 206
　8.1.1　Android 的由来 …… 206
　8.1.2　Android 简介 …… 206
8.2　Java 与 Android 的关系 …… 207
8.3　Android 开发主要流程 …… 207
8.4　搭建 Android 应用开发环境 …… 211
　8.4.1　安装 Android Studio …… 211
　8.4.2　配置安装 Android SDK …… 215
　8.4.3　配置 Android 运行与调试环境 …… 216
8.5　开发一个简单的 Android 应用 …… 219
　8.5.1　使用 Android Studio 创建 Android 项目 …… 219
　8.5.2　一个简单的 Android 应用——Weather …… 220
8.6　本章小结 …… 230
习题 …… 230

参考文献 …… 231

第 1 章

Java 概述及开发环境搭建

/ 本章目标 /

- 了解 Java 的发展历史、特点。
- 理解 Java 的运行机制。
- 了解 Java 的现状和应用前景。
- 掌握 JDK 的安装与配置。
- 掌握 Eclipse 的安装、使用、常用功能。

/ 本章思维导图 /

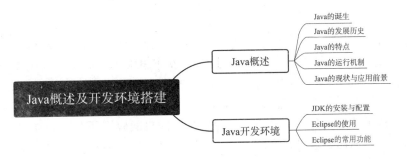

1.1 Java 概述

1.1.1 Java 的诞生

Java 是斯坦福大学网络（Stanford University Network，SUN）公司于 1995 年推出的一种可以开发跨平台应用软件的高级程序设计语言，主要创作者为詹姆斯·高斯林（James Gosling）。James Gosling 出生于加拿大，是一位计算机编程天才，于 1984 年加入 SUN 公司，被称为"Java之父",如图1-1所示。

1991年4月,James Gosling为发明一种能够在各类消费性电子产品(如机顶盒、冰箱、收音机等)上运行的通用程序架构启动了"Green"计划,这个计划的产品即Java的前身是Oak(橡树)语言。由于Oak的名字已被一家显卡制造商注册,因此1995年5月23日,其正式更名为Java。随后Java很快被工业界认可,许多大公司如IBM、Microsoft、DEC等均购买了Java的使用权。此外,Java语言被美国杂志评为1995年十大优秀科技产品之一。值得注意的是,Java在2009年之前由SUN公司负责维护,2009年4月,Oracle公司花费74亿美元成功收购SUN公司,因此目前Java官网网址为Oracle官网。

图1-1 Java之父

1.1.2 Java的发展历史

Java自1995年起至今已经发展了20多年,这20多年间,Java经历了多个阶段,版本的不断更新使Java的功能不断完善。Java版本历史演变如图1-2所示。

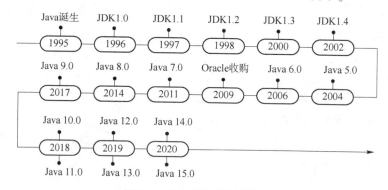

图1-2 Java版本历史演变

1996年1月23日,Java语言的首个正式版本的运行环境JDK 1.0发布,其代表技术有Java虚拟机、Applet、AWT等。1997年2月18日发布JDK 1.1版本,其代表技术涵盖JAR文件格式、JDBC、JavaBeans、RMI等。1998年12月4日,Java彻底脱离Windows图形界面的控制,重新命名为Java 2.0,迎来了一个里程碑式的运行环境JDK 1.2。SUN公司在这个版本中把Java技术体系拆分为3个方向,分别是面向桌面应用开发的J2SE(Java 2 Platform Standard Edition)、面向企业级开发的J2EE(Java 2 Platform Enterprise Edition)和面向手机等移动终端开发的J2ME(Java 2 Platform Micro Edition)(在下文中将详细介绍这3种技术方向)。2000年5月8日JDK 1.3发布,JDK 1.3相对于JDK 1.2改进了一些类库。从JDK 1.3开始,SUN公司维持了每隔两年发布一个JDK的主版本的习惯。在2002年2月13日发布了JDK 1.4版本,其涵盖了很多新的技术特性,如NIO、XML解析器和XSLT转换器等,自此Java的计算能力有了大幅提升。2004年9月30日J2SE 1.5版本发布,成为Java发展史上的又一个里程碑,随后J2SE 1.5更名为Java 5.0。2006年12月11日Java 6.0版本发布。2009年4月20日,Oracle公司宣布正式以74亿美元的价格收购SUN公司,Java商标从此正式归Oracle公司所有。随后2011年7月28日Java 7.0版权发布,2014年Oracle公司推出了Java 8.0版本,增加了函数式编程(Lambda表达式)和数据流(MapReduce)的处理。2017年3

月 18 日，Java 9.0 版本发布。自 Java 9.0 之后，Java 采用了基于时间发布的策略，每 6 个月发布一个版本。2018 年 3 月 20 日 Java 10.0 版本发布，同年 9 月 26 日，Java 11.0 版本正式发布；2019 年 3 月 20 日 Java 12.0 版本发布。

目前，Java 最新版本为 Java 16.0 版本。考虑了现阶段企业的需求及程序开发中的稳定性，本书选择学习使用的版本仍为 Java 8.0 版本。

在上述描述中曾提到 SUN 公司按照 Java 技术关注的重点业务领域，将 Java 技术分成 3 大版本，即 J2SE、J2EE、J2ME。

J2SE 是 Java 标准版本，它是整个 Java 技术的基础与核心，包含数据库连接、接口、网络编程等内容。学习 J2SE 之后可以开发基于 C/S 架构的桌面应用，如 QQ（QQ 有桌面应用版与网页版，网页版 QQ 属于 J2EE）、微信等。

J2EE 是 Java 的企业级版本，包含 J2SE 中的所有类，并添加了用于企业级应用的类，如 JSP、XML 和事务控制等，是 Java 应用的主要方向。学习 J2EE 后可以开发基于 B/S 架构的应用，如京东、天猫、企业办公系统等。

J2ME 是 Java 的微型版本，包含 J2SE 中的部分类，主要用于开发移动端（手机相关应用），以及机顶盒等设备中的程序。随着时代的发展，其已慢慢趋于淘汰。

Java 各平台具有不同的应用领域，学习 J2SE 是学习 J2EE 与 J2ME 的前提与基础。值得注意的是，在 2005 年，3 个版本均进行了更名，舍弃了原命名中的数字"2"，分别更名为 JavaSE、JavaEE、JavaME。

1.1.3 Java 的特点

Java 的主要特点如下。

（1）简单、高效。

Java 是开源的，其底层由 C++实现。换句话说，Java 是由 C++衍生而来的，与 C++十分相似，但 Java 相较于 C++语言要简单得多。因为 Java 语言在计算机软件开发的过程中，舍弃了 C++中难以掌握的功能，如头文件、指针变量、结构体、运算符重载、多重继承等复杂特性，在很大程度上降低了编程的复杂性。此外，Java 提供了丰富的工具类库，方便开发程序。这也是 Java 语言高效的一个体现。

（2）面向对象。

面向对象是一种先进的编程思想，以对象为基础、以数据为中心，更容易解决复杂的问题。Java 是一门纯面向对象的编程语言，更符合人们的思维模式。

（3）跨平台性。

跨平台性是指 Java 语言编写的应用程序在不同的系统平台上都可以运行，即"Write Once, Run Anywhere"（一次编译，到处运行），极大地降低了开发难度。跨平台性是 Java 语言最大的优势，也是 Java 语言风靡全球的主要原因。

（4）多线程。

多线程的应用程序能够同时运行多项任务，程序响应更快。Java 的特点之一就是内置对多线程的支持，并提供了多线程之间的同步机制，这样使单位时间内，处理的性能得到提升，资源利用率更高。

(5)安全性。

Java通常被用在网络环境中,为此,Java提供了一个安全机制以防止恶意代码的攻击。此外,Java还为通过网络下载的类添加一个安全防范机制(类ClassLoader),分配不同的名字空间以防替代本地的同名类,并提供了安全管理机制(类SecurityManager)。

(6)健壮性。

Java语言的强类型机制、异常处理机制、在运行过程中的垃圾自动回收机制等安全检查机制是Java程序健壮性的重要保证。

(7)动态性。

Java语言的设计目标之一是适用于动态变化的环境。在程序编写过程中可以将需要的类动态地载入运行环境中,有利于软件的升级。

1.1.4 Java的运行机制

学习使用Java语言,除了需要了解Java语言的特点,还需要了解程序的运行机制。计算机高级编程语言按其程序的执行方式可分为编译型语言和解释型语言。

编译型语言是指使用专门的编译器,针对特定操作系统将源代码一次性翻译成计算机能识别的机器指令,如C、C++、FORTRAN、Pascal等;而解释型语言是指使用专门的解释器,将源代码逐条地解释成特定平台的机器指令,解释一句执行一句,类似于"同声翻译",如Python、Ruby、JavaScript等。Java语言并不属于上述两种语言类型之一,而是两种语言类型的结合体。

Java程序运行需要经过编写、编译、运行3个步骤。编写是指在Java开发环境中进行代码的编写,最终形成扩展名为".java"的源文件;编译是指使用Java编译器(JDK中自带的编译器javac.exe)对源文件进行错误排查,检查其是否符合Java的语法规则,若源文件符合Java的语法规则,则编译后将生成扩展名为".class"的字节码文件,字节码文件不是纯粹的二进制串,无法在操作系统中直接执行;因此,若想运行程序,则需要使用解释器将字节码文件解释成机器代码,执行并显示结果。Java的运行机制如图1-3所示。

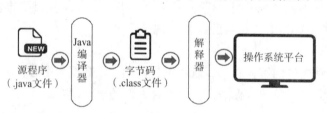

图1-3 Java的运行机制

在Java语言中最突出的特点就是其对跨平台的支持,在Java中如果要实现跨平台的控制,则主要依靠Java虚拟机。图1-3中的解释器即Java虚拟机(Java Virtual Machine,JVM)。JVM是由软件和硬件模拟出来的计算机,所有的Java程序只要有JVM的支持,就可以执行。可以简单地认为:JVM是Java程序实现跨平台的关键,是Java程序与系统沟通的"桥梁"。需要注意的是,不同的操作系统需要不同版本的JVM,其基本原理如图1-4所示。

为更通俗地理解JVM的原理及其存在意义,可参照JVM理解示例,如图1-5所示。

第 1 章 Java 概述及开发环境搭建

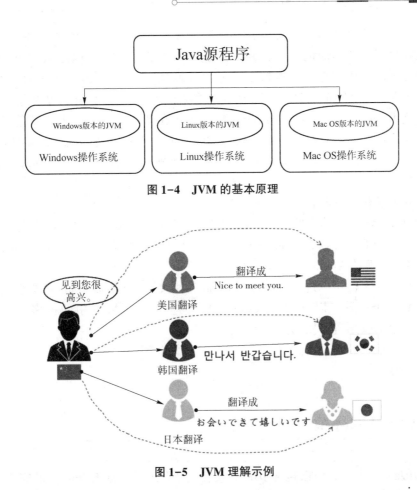

图 1-4　JVM 的基本原理

图 1-5　JVM 理解示例

图 1-5 中，当中国人与其他国家的人进行交流时，需要第三方翻译的人，且不同的国家需要不同的翻译，JVM 就相当于上图中的翻译人员，起到了中间桥梁的作用。

1.1.5　Java 的现状和应用前景

Java 不仅可以用来开发大型的桌面应用程序，而且特别适合用于网站的开发。目前，Java 已经成为软件设计开发者应当掌握的一门基础语言。TIOBE 发布的 2020 年 8 月全球编程语言热门排行榜如图 1-6 所示。

Aug 2020	Aug 2019	Change	Programming Language	Ratings	Change
1	2	∧	C	16.98%	+1.83%
2	1	∨	Java	14.43%	-1.60%
3	3		Python	9.69%	-0.33%
4	4		C++	6.84%	+0.78%
5	5		C#	4.68%	+0.83%
6	6		Visual Basic	4.66%	+0.97%
7	7		JavaScript	2.87%	+0.62%
8	20	∧	R	2.79%	+1.97%
9	8	∨	PHP	2.24%	+0.17%
10	10		SQL	1.46%	-0.17%

图 1-6　TIOBE 发布的 2020 年 8 月全球编程语言热门排行榜

图 1-6 展示了 TIOBE 发布的全球编程语言的排行榜前 10 名，该排名基于全球技术工程师、课程和第三方供应商的数据，并不代表语言本身的好坏，但能从一定程度上让读者了解到编程语言的应用趋势。根据上图可以清晰地看出，与 2019 年 8 月的数据相比，Java 排名虽下降了一名，但与其他语言相比依然名列前茅。目前全世界有超过 69%的专职开发人员使用 Java，全世界有 510 亿台活动 JVM 在部署中。随着人工智能的发展，以及大数据时代的影响，人们对于计算机软件功能的需求越来越高，Java 语言涉及的领域将越来越广，同时 IT 行业对 Java 人才的需求将不断增长，学习和掌握 Java 已逐步成为共识。

学习 Java 可以有以下 6 个发展方向。

（1）学习 JavaSE 后可以从事桌面应用的开发，但是这并不能体现 Java 的优势。

（2）学习 JavaSE 后可以完成 JavaEE 的学习，开发企业级应用，如电信、移动、证券等企业信息化平台，基于 Web 的应用程序等。

（3）学习 JavaSE 后可以进一步学习 Andriod 的相关技术，开发 Android 平台的软件。

（4）学习 JavaSE 后可以开发与大数据相关的应用。大数据中的很多主流框架，如 Hadoop 等是基于 Java 语言开发的。

（5）人工智能。

（6）物联网。

1.2　Java 开发环境

Java 的开发环境配置，一般包含 JDK 的安装、开发工具（如 Eclipse）的安装。

进行安装之前，先学习一些相关知识。

JRE（Java Runtime Environment，Java 运行环境），包括 JVM 和 Java 程序运行所需的核心类库。

JDK（Java Development Kit，Java 开发工具包），包括 JRE 以及 Java 简单开发工具。Java 简单开发工具包括 javac.exe、java.exe。可以这么理解：JDK 是 Java 开发人员用来开发 Java 程序的，JRE 负责运行。JDK 包括 JRE，当我们安装 JDK 软件时，一般也会选择安装 JRE。

JVM、JRE、JDK 的关系如图 1-7 所示。

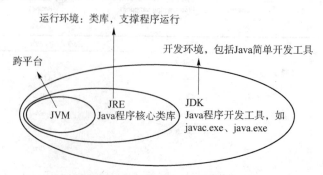

图 1-7　JVM、JRE、JDK 的关系

javac 命令：javac 是"编译"命令，即运行 javac.exe，该程序会启动编译器，将编好的 Java 源码（.java）编译为字节码文件（.class）。编译只是检查语法等，不检查程序的逻辑性。

java 命令：java 是"运行"命令，即运行 java.exe，调用虚拟机让程序运行起来。

javac.exe 和 java.exe 都在 JDK 的安装目录的 bin 文件夹下。

Path 环境变量、JAVA_HOME 环境变量：Path 环境变量是指操作系统查找或执行应用程序的路径。当我们需要在任意目录执行 javac、java 命令时，程序会优先在当前目录下寻找 javac.exe 来执行，但 javac.exe 和 java.exe 只在 JDK 的安装目录的 bin 文件夹下，如果没有配置 Path，程序找不到就直接报错，那我们只能在 bin 目录下编写代码，极不方便。如果配置了 Path，即使源码文件不在 bin 目录下，执行时在当前目录找不到 javac.exe，程序还是会去 Path 配置的路径下找。Path 配置、JAVA_HOME 设置作用如图 1-8 所示。

图 1-8　Path 配置、JAVA_HOME 设置作用

配置 JAVA_HOME 环境变量，是为了方便引用和统一管理。第三方软件如 Tomcat，如果要关联 JDK 或者 JRE，都需要找 JAVA_HOME 这个系统变量。

CLASSPATH 环境变量：CLASSPATH 环境变量的作用是当 Java 虚拟机在当前目录下查找或运行 .class 字节码文件时，如果没有找到就在 CLASSPATH 环境变量中设置的路径中去找。JDK 1.5 版本之后可以不用再设置 CLASSPATH，但是为保证向下兼用，特别是在安装多版本 JDK 时，建议配置 CLASSPATH 变量，以便 Java 解释器准确调用配置版本的标准类库。

1.2.1　JDK 的安装与配置

Java 的安装与配置有两个步骤：下载并安装 JDK、配置环境变量。

1. 下载并安装 JDK

本书中使用的 JDK 版本为 JDK 1.8，可以从 Oracle 公司的官方网站下载。从其官方网站页面中找到 Java SE 8u261，如图 1-9 所示。选择 JDK Download 进入下载页面，根据操作系统的信息下载所需的安装包，如 Windows 64 位操作系统选择 Windows x64，Mac OS 64 位操作系统选择 Mac OS x64。本书选择 Windows x64 进行下载，如图 1-10 所示。

按网站要求注册用户，下载成功后，便可直接进行安装。首先进入的是 JDK 的安装界面，如图 1-11 所示（本次安装使用默认的安装路径）。JDK 安装完成之后进入 JRE 的安装选择界面，如图 1-12 所示。

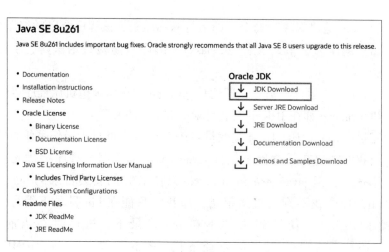

图1-9 JDK 1.8 的下载页面

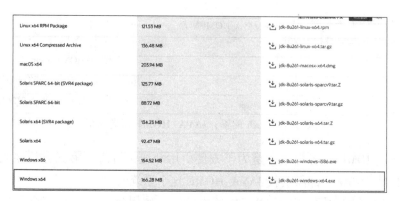

图1-10 JDK 1.8 不同版本列表

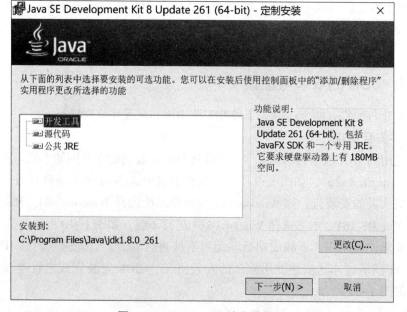

图1-11 JDK 1.8 开始安装界面

图 1-12　JRE 安装选择界面

依照安装向导，完成安装后的结束界面如图 1-13 所示。

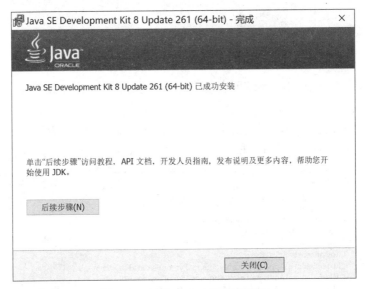

图 1-13　JDK 1.8 安装结束界面

为验证 JDK 是否安装成功，可以进入命令行模式（Windows 系统→命令提示符），在命令行模式中输入 java-version，若能正确显示版本号，则表明 JDK 安装成功，如图 1-14 所示。

图 1-14　JDK 1.8 安装验证

2. 配置环境变量

Java 的环境变量配置分为 3 步：配置 JDK 的安装目录、配置 Path 环境变量、配置 CLASSPATH 环境变量。

配置环境变量流程：单击"我的电脑"→右击"属性"→选择"高级系统设置"→选择"高级"选项卡→选择"环境变量"，在"环境变量"中对 Java 开发环境进行配置。

配置 JDK 安装目录的主要作用：用于存放 JDK 文件目录，给 Eclipse、Tomcat 等开发工具直接引用 JAVA_HOME 使用。

流程：新建系统变量，在"变量名"的文本框中输入 JAVA_HOME；在"变量值"的文本框中输入 JDK 安装的根目录，如图 1-15 所示。

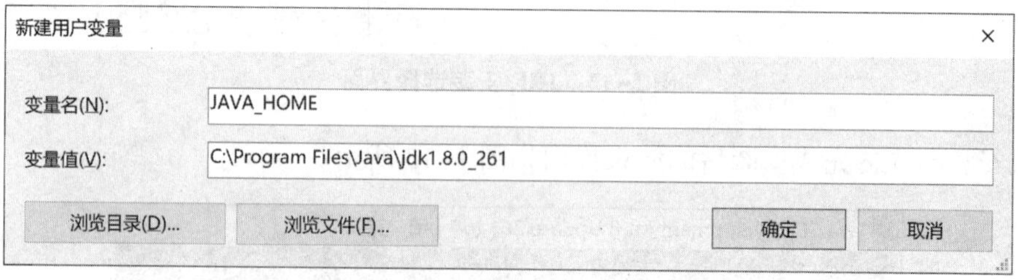

图 1-15　JAVA_HOME 环境变量设置

配置 Path 的环境变量作用：系统可直接从 Path 中找到 JDK 下的 java 命令（运行命令）和 javac 命令（编译命令）。

流程：单击 Path 进行编辑，新建环境变量，然后输入变量值%JAVA_HOME%\bin;%JAVA_HOME%\jre\bin，如图 1-16 所示。

图 1-16　Path 环境变量配置

配置 CLASSPATH 的环境变量作用：用于存放 Java 所需的类包和工具包。

流程：新建系统变量，在"变量名"文本框中输入变量名 CLASSPATH，在"变量值"文本框中输入变量值：.;%JAVA_HOME%\lib\dt.jar;%JAVA_HOME%\lib\tools.jar;，需要注意的是，CLASSPATH 最前面是有个"."的，表示当前目录。用两个 % 包围 JAVA_HOME 变量的意思是引用变量的值。CLASSPATH 环境变量配置如图 1-17 所示。

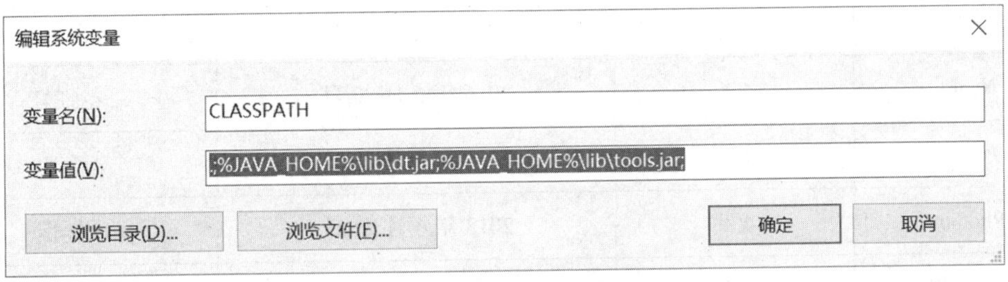

图 1-17 CLASSPATH 环境变量配置

配置完成后，打开 cmd 命令行，输入 javac 命令，如果出现图 1-18 所示的运行界面，则表示 Java 环境变量配置成功。

图 1-18 javac 命令运行界面

1.2.2 Eclipse 的使用

Eclipse 是一个开放源代码的软件开发项目，专注于为高度集成的工具开发提供一个全功能的、具有商业品质的工业平台，主要用于 Java 语言开发。通过安装不同的插件，Eclipse 可以支持多种计算机语言，如 C++ 和 Python 等。Eclipse 只是一个框架平台，众多插件的支持使 Eclipse 具有很高的灵活性。许多软件开发商以 Eclipse 为框架开发自己的集成开发环境（IDE），如 MyEclipse。从 2018 年 9 月开始，Eclipse 每 3 个月发布一个版本，并且其版本代号不再延续天文星体名称，而是直接使用年份与月份。

Eclipse 部分版本发布数据如表 1-1 所示。

表 1-1　Eclipse 部分版本发布数据

版本代号	平台版本	主要版本发行日期	代号名称
N/A	3.0	2004 年 6 月 21 日	N/A
Indigo	3.7	2011 年 6 月 22 日	靛蓝
Mars	4.5	2015 年 6 月 24 日	火星
Neon	4.6	2016 年 6 月 22 日	霓虹灯
Oxygen	4.7	2017 年 6 月 28 日	氧气
Photon	4.8	2018 年 6 月 27 日	光子
2018-09	4.9	2018 年 9 月 19 日	N/A
2018-12	4.10	2018 年 12 月 19 日	N/A
2019-12	4.14	2019 年 12 月	N/A
2020-06	4.15	2020 年 3 月 18 日	N/A

1. 下载 Eclipse

由于本书选择 JDK 1.8 版本，因此与之对应，本书选择 Eclipse Neon（4.6）Windows 64bit 版本，到 Eclipse 官方地址进行下载。

2. 使用 Eclipse 创建简单的 Java 程序

Java 项目组成如图 1-19 所示。

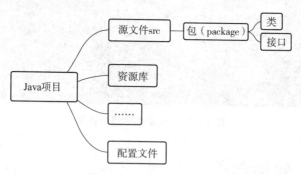

图 1-19　Java 项目组成

解压下载好的 Eclipse 压缩包，直接运行 Eclipse.exe。

使用 Eclipse 创建简单 Java 程序的主要步骤：建立工作空间、创建项目、创建包、创建类文件、运行。

（1）建立工作空间。双击 Eclipse.exe 出现工作空间路径设置界面，如图 1-20 所示，需要设置工作空间路径，工作空间可以存放多个 Java 项目，可以选择自建目录，也可以用 E-clipse 默认目录。设置好后，进入 Eclipse 欢迎界面，如图 1-21 所示。

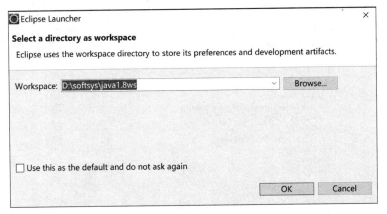

图 1-20　工作空间路径设置

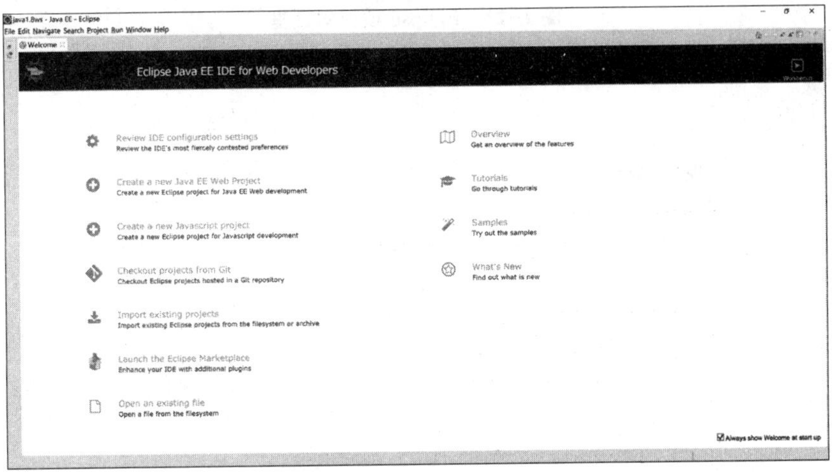

图 1-21　Eclipse 欢迎界面

单击工作区域右上角 Workbench 按钮，进入 Eclipse 工作台界面，如图 1-22 所示。

图 1-22　Eclipse 工作台界面

（2）创建项目。Eclipse 支持创建多种基于 Java 的项目，如 Java Web 等，本书主要以 Java Project 为主。依次单击 File→New→Project，在弹出的对话框中选择 Java Project 选项，如图 1-23 所示。

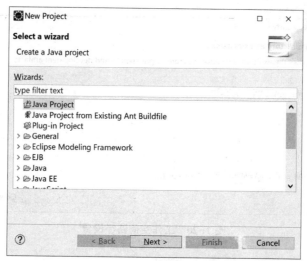

图 1-23　Eclipse 项目对话框

在 Project name 文本框中填写相应项目名，其他的选项采用默认值，单击 Finish 按钮，如图 1-24 所示。

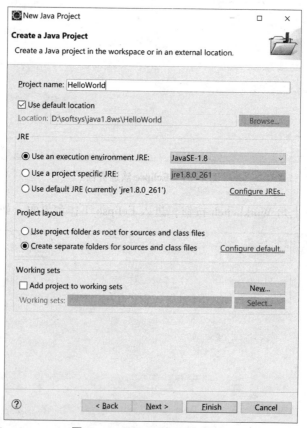

图 1-24　Eclipse 新项目对话框

左边的工作台会显示建好的工程。

（3）创建包。右击项目中的 src 包，选择 New→Package，如图 1-25 所示。包名称一般参考倒转域名的命名方式，如 com.nnnu，单击 Finish 按钮完成，如图 1-26 所示。

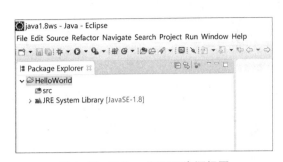
图 1-25　Eclipse 新项目资源视图

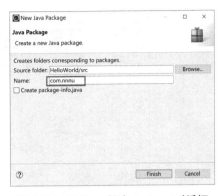
图 1-26　Eclipse 创建 package 对话框

（4）创建类文件。右击 com.nnnu 包，选择 New→Class，在新建类的 Name 文本框中，输入类名称（一般要求首字母大写），勾选 public static void main（String[ ] args）复选框，以便自动生成 main( )方法，单击 Finish 按钮完成，如图 1-27 所示。

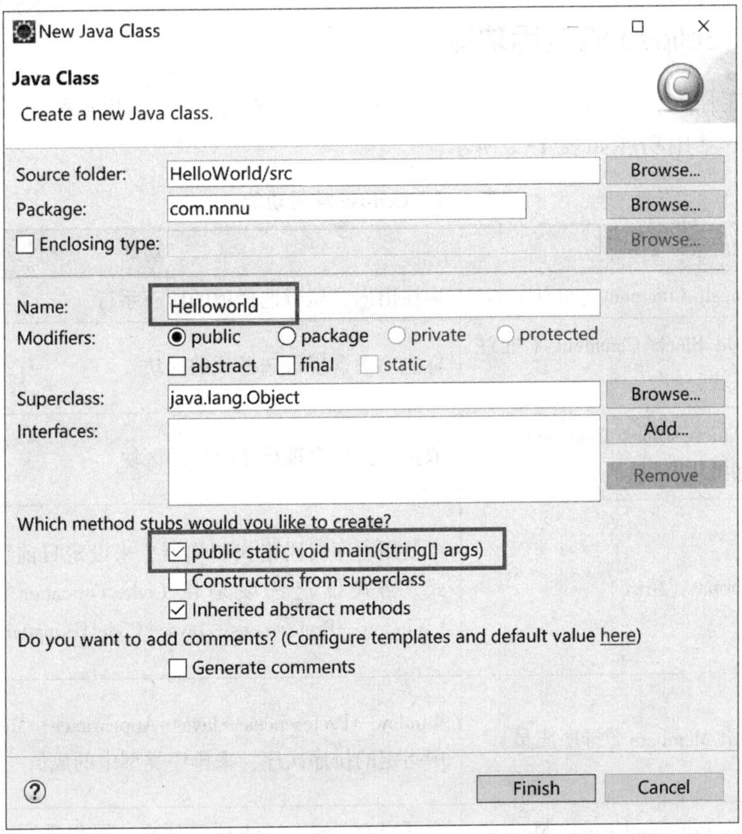

图 1-27　Eclipse 创建新类对话框

在 main( )方法中，输入代码：System.out.println（"hello world! Java world!"）;如图 1-28 所示。

（5）运行。单击菜单栏中的 Run→Run 编译运行，或者直接按<Ctrl+F11>组合键。程序成功运行后，在 Console 窗口中便可以看到第一个简单 Java 程序的运行结果，如图 1-28 所示。

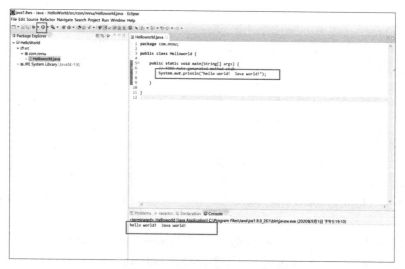

图 1-28　Eclipse 运行简单 Java 程序结果

1.2.3　Eclipse 的常用功能

Eclipse 功能强大，简单易用，深受广大开发者的喜爱。作为初学者，需要掌握其常用的功能，Eclipse 常用功能如表 1-2 所示。

表 1-2　Eclipse 常用功能

	常用菜单名称	功能
Source	Toggle Comment（批注）	标注出内含现行选择项的所有字行
	Add Block Comment（批注区块）	标注出内含现行选择项的区块
	Remove Block Comment（解除批注区块）	取消标注内含现行选择项的区块
	Format（格式）	可使用程序代码格式制作器，来设定目前文字选择项的格式。格式设定选项是在 Code Formatter 喜好设定页面（Window→Preferences→Java→Code Formatter）中配置
	Sort Members（排序成员）	Window→Preferences→Java→Appearance→Members Sort Order 中指定的排序次序，来排序类型中的成员
	Override/Implement Methods（重写/实现方法）	会开启 Override Method 对话框，可以重写或实现现行类型中的方法
	Generate Getter and Setter（产生 Getter 和 Setter）	开启 Generate Getter and Setter 对话框，可以为现行类型中的字段，建立 Getter 和 Setter 方法
	Surround with try/catch（以 try/catch 包覆）	针对所选的语句，评估所有必须捕捉到的异常状况。这些语句会包覆 try catch 区块

续表

常用菜单名称		功能
Refactor	Rename（重新命名）	启动 Rename Refactoring 对话框：重新命名所选的元素，并且（如果有启用的话）更正元素的（以及其他档案中的）引用。适用于方法、字段、区域变量、方法参数、类型、编译单元、套件、来源数据夹、项目等
	Move（移动）	启动 Move 重构对话框：移动所选的元素，并（如果有启用的话）更正元素的（以及其他档案中的）所有引用。可套用至一个或多个 static() 方法、static 字段、类型、编译单元、套件、来源数据夹与项目
	Change Method Signature（变更方法签章）	启动 Change Method Signature 重构对话框。变更参数名称、参数类型、参数顺序，并更新对应方法的所有参照。此外，可以移除或新增参数，也可以变更方法传回类型及其可见性
	Inline（列入）	启动 Inline 重构对话框。列入区域变量、方法或常数。这个重构作业可用在方法、static final 字段，以及解析为方法、static final 字段或区域变量的文字选项
	Extract Method（撷取方法）	启动 Extract Method 重构对话框。会建立一个内含目前所选语句或表达式的新方法，并将选择项换成新方法的参照。这项特性非常适合用来清除冗长、杂乱和太复杂的方法
Project	Properties（属性选项）	对目前选取的项目开启属性选项页面
Run	Toggle Line Breakpoint（切换行断点）	新增或移除 Java 行断点
	Toggle Method Breakpoint（切换方法断点）	这个指令可以针对目前的二进制方法，新增或移除方法断点。可在 Java 类别档编辑器的来源中选取二进制方法，或在其他任何视图中选取
	Toggle Watchpoint（切换监视点）	这个指令可以针对目前的 Java 字段，新增或移除字段监视点。可在 Java 编辑器的来源中选取字段，或在其他任何视图中选取
	Skip All Breakpoints（忽略所有的岔断点）	这个指令可以忽略所有的岔断点
	Run As（执行为）	启动快捷方式可支持工作台或作用中编辑器选项的感应式启动
调试模式	Step Into	进入代码内部观察，对应的快捷键是〈F5〉
	Step Over	只观察代码的运行结果，对应的快捷键是〈F6〉
	Resume	整个代码向后自动执行完毕，对应的快捷键是〈F8〉

续表

常用菜单名称		功能
Windows	Open Perspective（开启视景）	这个指令会在此工作台窗口中开启新视景。可以在Window→Preferences→Workbench→Perspectives 页面中变更这个喜好设定。在工作台窗口内开启的所有视景都会显示在快捷方式列上
	Show View（显示视图）	这个指令会在现行视景中显示选取的视图。可以在Window→Preferences→Workbench→Perspectives 页面中配置开启视图的方式。从"其他"子菜单中，可以开启任何视图。视图会依照 Show View 对话框中的各个种类排序
	Preferences（喜好设定）	这个指令可以指出在使用工作台时的喜好设定。其中有各式各样的喜好设定可用来配置工作台及其视图的外观，以及用来制订在工作台中安装的所有工具的行为

1.3 课程学习建议

1. 学习流程

Java 学习流程如图 1-29 所示。

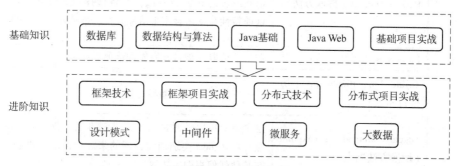

图 1-29 Java 学习流程

2. Java 软件工程师知识体系

Java 软件工程师知识体系如表 1-3 所示。

表 1-3 Java 软件工程师知识体系

序号	类别	描述
1	操作系统	Windows、Linux
2	服务器	Tomcat、JBoss、Apache、Nginx、IIS
3	数据库	MySQL、Oracle、PostgreSQL 等关系型数据库；Cassandra、MongoDB、Redis 等 NoSQL 数据库

续表

序号	类别	描述
4	JavaSE	环境搭建、基础程序、面向对象、应用开发、高级应用、Java 新特性、JDBC
5	JavaEE Web	HTML、JavaScript、JSP、JavaBean、DAO、Smartupload、Servlet、MVC
6	框架	Spring Boot、Spring MVC、MyBatis、日志框架、定时任务、Spring、Struts、Hibernate、AJAX 框架（DWR、JSON、JQuery、VUE）
7	分布式开发	Zookeeper、Ngnix、负载均衡、中间件、一致性、服务化、虚拟化
8	大数据	Hadoop、HBase、Spark、Storm、Redis、MongoDB、Hive、Pig
9	工具	Eclipse、IntelliJ IDEA
10	DevOps	Git、Docker、Kubernetes、Gradle、Maven、Jenkins
11	脚本语言	Python、Ruby、Shell
12	压力测试	JMeter、Blaze Meter

1.4 本章小结

本章介绍了 Java 的发展历史、主要特点及应用前景，详细解释了 Java 的运行机制，以 JDK 1.8 版本的安装配置为例介绍了 Java 的开发环境；此外介绍了 Java 开发工具 Eclipse 的安装、使用及常用功能，创建了简单的实例，并给出了课程学习流程及 Java 软件工程师知识体系。通过本章的学习，可以为后面知识的进一步学习打下基础。

习　题

1. 请简述 Java 的跨平台性。
2. 请简述 Java 的运行机制。
3. 请简述 Java 中 JVM、JRE、JDK 的关系。
4. Java 的开发环境安装中需要配置哪些环境变量？
5. 请简述 Java 项目的组成部分。

第 2 章

Java 基础程序设计

本章目标

- 掌握标识符与关键字。
- 掌握基本数据类型。
- 掌握类型转换运算。
- 掌握输入、输出功能的实现。
- 掌握数组的定义与使用。
- 了解运算符与表达式。
- 掌握控制语句的使用。

第 2 章　Java 基础程序设计

本章思维导图

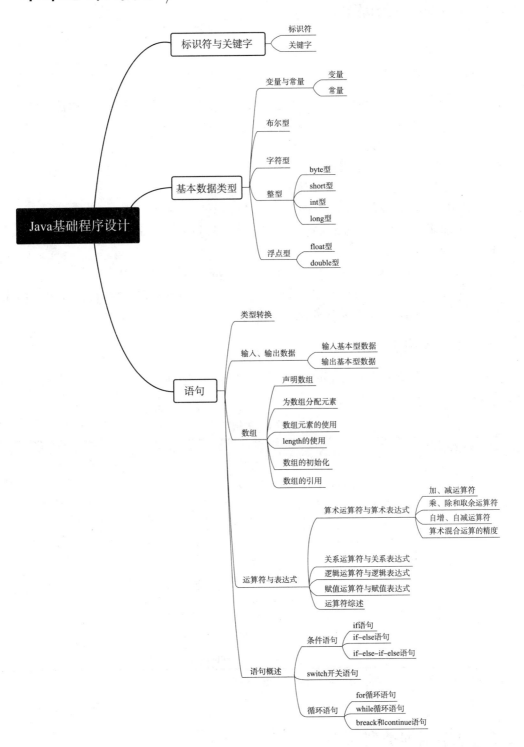

2.1 标识符与关键字

2.1.1 标识符

标识符是用来对类、变量、方法、数组、包等命名的有效字符序列，其语法规则如下。
（1）标识符的组成：字母、下划线、美元符号和数字。
（2）标识符的长度：无限制。
（3）标识符首字符：不能是数字。
（4）标识符与关键字：不能是关键字。
（5）其他：不能是 true、false 和 null（尽管它们不是关键字）等。
例如，标识符 Ox_Year、DragonYear_2025、$2021nnnc、hiyou、Hiyou。
注：
（1）标识符中的字母区分大小写，如 hiyou、Hiyou 是不同的标识符。
（2）Java 语言使用 Unicode 标准字符集，最多可识别 65 536 个字符，大部分国家的"字母表"中的字母都是 Unicode 字符集中的字符。

2.1.2 关键字

关键字又称为保留字，是预先定义的、具有特殊意义的标识符。表 2-1 分类列出了 Java 的常用关键字。

表 2-1 关键字

功能	关键字
访问权限	public　protected　private
类、方法和变量修饰符	abstract　class　extends　final　implements　interface　native　new　static　strictfp　synchronized　transient　volatile
程序控制	break　continue　return　do　while　if　else　switch　case　for　default
错误处理	try　catch　throw　throws　finally　assert
包相关	import　package
基本类型	long　int　short　byte　double　float　char　boolean　null　true　false　instanceof
变量引用	super　this　void

注：关键字不能用作变量名、方法名、类名、包名和参数。

2.2 基本数据类型

Java 基本数据类型如图 2-1 所示。

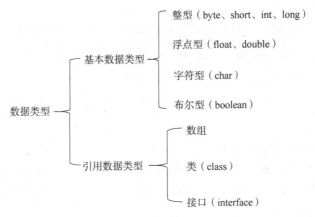

图 2-1 基本数据类型

其中基本数据类型的特点是存储范围和内存空间固定。基本数据类型一般又可分为 4 种类型：整型、浮点型、字符型和布尔型。基本数据类型如表 2-2 所示。

表 2-2 基本数据类型

类型		类型符	存储空间/byte	取值范围
数值	整型	byte	1	$-2^7 \sim 2^7-1$
		short	2	$-2^{15} \sim 2^{15}-1$
		int	4	$-2^{31} \sim 2^{31}-1$
		long	8	$-2^{63} \sim 2^{63}-1$
	浮点型	float	4	1.4e-45~3.403e38，-3.403e38~-1.4e-45
		double	8	4.9e-324~1.798e308，-1.798e308~-4.9e-324
字符型		char	2	Unicode 字符集
布尔型		boolean	1	true、false

2.2.1 变量与常量

在 Java 中，变量和常量是经常要用到的数据形式，尤其对于变量来说，它们是保存、传递、计算和处理数据的常用形式。

1. 变量

变量是内存中的一块存储区域，该区域有自己的名称（变量名）和类型（数据类型），在程序执行过程中，其值是可以改变的。变量名按照标识符的取名规则命名，Java 中每个变量必须先声明，明确分配空间和取值范围后再使用。

变量声明的语法如下：

数据类型 变量名 1[=值],变量名 2[=值],…,变量名 n[=值];

注：[ ] 内的内容是可选的，其是给变量赋初始值。

2. 常量

常量就是固定不变的量，一旦被定义，它的值就不能改变。声明常量的语法如下：

```
final 数据类型 常量名称[=值];
```

例如，定义一个整型常量 a，并赋值，语法如下：

```
final  int   a=10;
```

注：

（1）常量的值在声明时必须赋值。

（2）常量和常量值（常数）是不同的。简而言之，常量值是具体的数据值，而常量是常量数据值的命名表示，常量命名遵循标识符的取名规则。上例中，a 是常量，10 是常量值。

2.2.2 布尔型

常量值：true、false。

变量：使用关键字 boolean 来声明逻辑变量，声明时也可以赋初值。例如：

```
boolean leap=true,isTigeryear;
```

逻辑类型一般用于进行判断。

2.2.3 字符型

常量值：'B'、'y'、'9'、'书'等，用单引号括起的 Unicode 表中的一个字符。

变量：使用关键字 char 来声明 char 型变量，例如：

```
char ch='E',school='校';
对于 char x='b';
```

内存 x 中存储的是 98，98 是字符 b 在 Unicode 表中的排序位置。因此，也可以将 x 的变量声明写成：char x=98；

注：

（1）有些字符（如 Enter）不能通过键盘直接输入，这时需要使用转义字符常量，如 \n(换行)、\b(退格)、\t(水平制表) 等。

```
char ch1='\n',ch2='\';
```

（2）字符串中含有双引号字符，该双引号可以写成 \"。如含有双引号的字符串可以写成"我想用双引号\""，不能写成"我想用双引号""。

（3）可以使用 int 型知道字符在 Unicode 表中的位置，如（int）'C'；反之，要想知道 0~65 535 之间的一个常量值所代表的 Unicode 表中相应位置的字符，可以使用 char 型转换，如（char）'67'。

2.2.4 整型

1. byte 型

常量值：Java 中不存在 byte 型常量值的表示，但可以把符合 byte 范围内的 int 型常量值赋值给 byte 型变量。

变量：使用关键字 byte 来声明 byte 型变量，声明时也可以赋初值，例如：

```
byte y=23,z,weight;
```

2. short 型

常量值：Java 不存在 short 型常量值的表示，但可以把符合 short 范围内的 int 型常量值赋值给 short 型变量。

变量：使用关键字 short 来声明 short 型变量，声明时也可以赋初值，例如：

```
short x=789,length;
```

3. int 型

常量值：4、4000（十进制），065（八进制），0x4DEF（十六进制）。

变量：使用关键字 int 来声明 int 型变量，声明时也可以赋初值，例如：

```
int x=135,y,z=3487;
```

4. long 型

常量值：long 型常量用后缀 L 或 l 来表示。例如：97L（十进制）、03451（八进制）、0x4DEL（十六进制）。

变量：使用关键字 long 来声明 long 型变量，声明时也可以赋初值，例如：

```
long radius=34L,year= 2020l;
```

2.2.5 浮点型

1. float 型

常量值：67.89f、899.457F、345.1f、3e34f（3×10^{34}，指数表示法），常量值后面必须要有后缀 f 或 F。

变量：使用关键字 float 来声明 float 型变量，声明时也可以赋初值，例如：

```
float x=34.56f,LionWeight=456.765F;
```

float 变量在存储 float 型常量值时保留 8 位有效数字。例如，如果将常量值 34 655.423 238 976f 赋值给 float 变量 x，x=34 655.423 238 976f，则 x 存储的实际值是 34 655.423 034 530 4f（8 位有效数字，加下划线的是有效数字）。

2. double 型

常量值：28.56、3 456.893 4、0.05、3e-70（3×10^{-70}，指数表示法）。对于 double 常量值，后面可以有后缀 d 或 D，但允许省略。

变量：使用关键字 double 来声明 double 型变量，声明时也可以赋初值，例如：

```
double   h=67.847, w=49.34D,l=2e4;
```

double 型变量在存储 double 型常量值时保留 16 位有效数字，比较 float 型常量值与 double 型常量值时，注意其实际精度。例如：

```
float x=0.2f;
double y=0.2;
```

那么，实际存储在变量 x 中的常量值是 0.200 000 006 167 302 1，存储在变量 y 中的常量值是 0.200 000 000 000 000 0，因此 y 中的值会小于 x 中的值。

2.3 类型转换

不同基本数据类型的变量在进行赋值的时候，会涉及数据类型的转换，主要分为两种情况。首先，明确基本数据类型的精度排序级别，以下基本数据类型按精度从低到高排列（不含逻辑类型）。

```
byte    short    char    int long    float    double
```

（1）当级别低的变量值赋给级别高的变量时，系统会自动完成数据类型的转换，例如：

```
int    x=45;
float y;
y=x;
```

如果输出 y 的值，结果是 45.0。

（2）当级别高的变量值赋给级别低的变量时，必须在级别高的变量前面，使用显式强制类型转换运算，格式为（类型名）待转换的值（常量/数或变量），例如：

```
int x1=(int)56.69;
int x2=(int)2021L;
long x3=(long)34.76f;
```

如果输出 x1、x2 和 x3 的值，结果将是 56、2021 和 34，类型转换运算的结果的精度可能低于原数据的精度。

2.4 输入、输出数据

2.4.1 输入基本型数据

Scanner 是系统类，使用该类对象的方法可以完成数据的输入，步骤如下。

（1）导入库。

Scanner 类不在核心库里，使用之前必须告诉 Java 虚拟机将其加入开发环境，格式为 import java.util.Scanner;该语句一般放在类定义之前。

（2）创建一个 Scanner 对象，这里对象名是 reader，遵循标识符的命名规则。例如：

```
Scanner   reader=new   Scanner(System.in);
```

（3）Scanner 对象根据数据类型，调用相应的方法，例如：

```
reader.nextInt();
```

注：

（1）待输入数据是 int 型及其他数据类型，方法还有 nextBoolean()、nextByte()、nextShort()、nextInt()、nextLong()、nextFloat() 及 nextDouble()。

（2）上述方法执行时会遇到阻塞，程序等待用户输入数据，按〈Enter〉键确认。

（3）若要输入多个数据，则重复上述步骤（3）即可。

例 2-1　用户从键盘依次输入两个数，程序计算输入的两个数的和。

```java
import java.util.Scanner;
public class Example21
{
    public static void main(String args[ ])
    {
        System.out.println("请输入两个数 x 和 y:");
        double sum = 0;
        Scanner reader = new Scanner(System.in);
```

```
            double x = reader.nextDouble();
            double y = reader.nextDouble();
            sum = x + y;
            System.out.println(x+"+"+y+"="+sum);
        }
    }
```

2.4.2 输出基本型数据

Java 利用系统类 System 类的方法完成数据的输出,可输出字符串的值、表达式的值等。该类的方法有 2 种常用格式。

(1) System.out.println( ) 或 System.out.print( ) 输出格式如下:

System.out.println(表达式 1+表达式 2+…+表达式 n);

或

System.out.print(表达式 1+表达式 2+…+表达式 n);

两者的区别是前者输出数据后换行,后者不换行。一般使用并置符号 "+" 将多个输出数据项分隔开,例如:

System.out.println("1…10 的和为"+sum);
System.out,print("y="+y);

(2) 使用 printf( ) 方法输出数据,可以控制输出格式,格式如下:

System.out.printf("格式控制部分",表达式 1,表达式 2,…,表达式 n);

格式控制部分组成:格式控制符号和普通字符组合。

其中,普通字符原样输出,格式控制符号用来控制输出表达式的格式,部分格式控制符号含义如下。

%d:输出 int 型数据。
%c:输出 char 型数据。
%f:输出浮点型数据,小数部分最多保留 6 位。
%s:输出字符串数据。

也可以结合整数,控制数据输出的宽度,部分格式控制符号含义如下。

%m.nf:输出浮点型数据占据 m 列,小数点保留 n 位的宽度。
%md:输出 int 型数据,占据 m 列的宽度。

例如:

System.out.printf("%f,%d",278.98,56)

2.5 数组

有时程序需要对若干个类型相同的变量进行批量处理,例如,需要对 10 个 int 型变量进行排序,根据学过的知识,可以声明 10 个 int 型变量,格式如下:

```
int x1,x2,x3,x4,x5,x6,x7,x8,x9,x10;
```

然而，如果需要对更多的类型相同的变量进行批量处理，那么采用上述方式就显得烦琐了，而利用数组可以很方便地实现同类型变量的批量处理。

数组是类型相同的变量按顺序组成的数据类型，属于引用数据类型。它可以看成是由基本数据类型的组合产生的。这些类型相同的变量称为数组元素，数组元素通过数组名加索引来引用。创建数组需要声明数组和为数组分配元素。

2.5.1 声明数组

声明数组是确定数组变量的名字和数组元素的数据类型。

声明一维数组有下列两种格式：

数组的元素类型 数组名[];

或

数组的元素类型 [] 数组名;

声明二维数组有下列两种格式：

数组的元素类型 数组名[] [];

或

数组的元素类型 [] [] 数组名;

例如：

double person[];
char tiger[] [];

数组 person 的元素都是 double 型的变量，数组 tiger 的元素都是 char 型变量。也可以一次声明多个数组，例如：

int [] a,b;

其声明了两个 int 型一维数组 a 和 b，等价的声明是 int a[ ],b[ ];

注：

Java 不允许在声明数组的 [ ] 内指明数组元素的个数。例如，int a [10] 或 int [10] a 是错误的。

2.5.2 为数组分配元素

要实际使用数组还必须创建数组，即给数组分配元素。为数组分配元素的格式如下：

数组名=new 数组元素的类型[数组元素的个数];

例如：

person= new double[3];

为数组分配元素后，数组 person 获得 3 个用来存放 double 型数据的变量，即 3 个 double 型元素。数组 person 中存放着这些元素的首地址，称作数组的引用，这样数组就可以通过索引操作它的元素（索引从开 0 开始）。使用数组元素内存示意如图 2-2 所示。

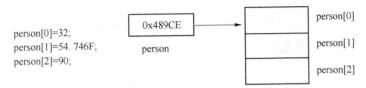

图 2-2　数组元素内存示意

声明和创建数组也可以一起完成，例如：

double person[]= new double[3];

二维数组分配空间和一维数组类似，例如：

int a[] [];
a=new int[3][4];

或

int　a[] [];
int　a[] []=new int[3][4];

一个二维数组可以看成是由若干个一维数组构成的。例如上述创建的二维数组 a 就是由 3 个长度为 4 的一维数组构成的。Java 中，构成二维数组的一维数组的长度可以是不同的。在创建二维数组时，可以分别指定构成该二维数组的一维数组的长度，例如：

int a[][]=new int[3][];
a[0]=new int[3];
a[1]=new int[4];
a[2]=new int[4];
a[3]=new int[3];

注：
Java 允许使用 int 型变量的值指定数组元素个数，例如：

int len=20;
float a[]=new float[len];

2.5.3　数组元素的使用

一维数组通过索引访问数组元素，如 person [0]，person [1] 等。特别要注意的是，索引从 0 开始。因此，数组若有 3 个元素，那么索引到 2 为止；如果数组索引越界，程序可以编译通过，但运行时将发生 Array Index Out Of Bounds Exception 异常。因此，在使用数组时，必须防止索引越界。

2.5.4　length 的使用

数组元素的个数称为数组长度。例如，对一维数组，"数组名 . length" 的值就是数组中元素的个数。格式如下：

float a[]=new float[8];　　//a. length 的值是 8。

2.5.5 数组的初始化

创建数组后,系统会给数组的每个元素赋一个默认值,如 int 型是 0。在声明数组的同时,也可以给数组的元素赋初始值,例如:

```
float person[]={12.4f,43.56f,4.6f,657.67f};
```

上述语句相当于 float person[ ] = new float[4];然后,可以给每一个数组元素赋值。例如:

```
person[0]=12.4f;person[1]=43.56f;person[2]=4.6f;person[3]=657.67f;
```

2.5.6 数组的引用

两个相同类型的数组如果具有相同的引用,那么它们就有完全相同的元素,因为它们指向的是同一内存的位置。例如:

```
int a[]={4,5,6},b[]={8,9};
```

数组 a 和 b 分别存放着类似如下的内存地址 de5ecd 和 b21516(不同机器、不同操作系统、不同的运行时间,内存地址均不相同)。数组 a、b 的内存模型如图 2-3 所示。

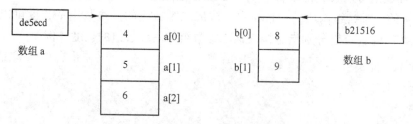

图 2-3 数组 a、b 的内存模型

如果有赋值语句:a=b;那么,数组 a 中存放的地址与数组 b 中的相同,原分配给数组 a 的内存空间成为无引用空间,等待垃圾回收机制回收,此时其内存模型如图 2-4 所示。

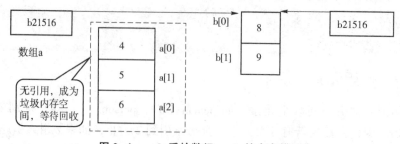

图 2-4 a=b 后的数组 a、b 的内存模型

例 2-2 使用数组,输出数组的引用与数组的内容。

```
public class Example2_2
{
    public static void main(String args[])
    {
        int a[]={4,5,6,7};
```

```
            int b[]={8,9,10};
            System.out.println("数组 a 长度="+a.length);
            System.out.println("数组 b 长度="+b.length);
            System.out.println("数组 a 地址="+a);
            System.out.println("数组 b 地址="+b);
            a=b;
            System.out.println("数组 a 长度="+a.length);
            System.out.println("数组 b 长度="+b.length);
            System.out.println("a[0]="+a[0]+",a[1]="+a[1]+",a[2]="+a[2]);
            System.out.print("b[0]="+b[0]+",b[1]="+b[1]+",b[2]="+b[2]);
        }
    }
```

注：

对 char 型数组 a，System.out.println(a)不会输出数组 a 的引用而是输出数组 a 的全部元素的值，例如，对于

```
char a[]={'中','国','力','量'};
```

则 System.out.println(a)的输出结果是"中国力量"。

如果想输出 char 型数组的引用，则必须让数组 a 和字符串做并置运算，例如：

```
System.out.println(""+a);       输出数组 a 的引用
```

2.6 运算符与表达式

Java 提供了算术运算符、关系运算符、逻辑运算符、赋值运算符等丰富的运算符，来实现现实中对应的算术运算和逻辑运算的操作。

2.6.1 算术运算符与算术表达式

1. 加、减运算符

加、减运算符在 Java 里分别是+、-，它们是二目运算符，结合方向是从左到右。例如，5+8-7 先计算 5+8，再将得到的结果减 7。加减运算符的操作元是整型或浮点型数据。

2. 乘、除和取余运算符

乘、除和取余运算符在 Java 里分别是 *、/、%，它们是二目运算符，结合方向是从左到右。例如，5×6%3，先计算 5×6，再将得到的结果用 3 取余。乘、除和取余运算符的操作元是整型或浮点型数据。

3. 自增、自减运算符

自增、自减运算符在 Java 里分别是++、--，它们是单目运算符，可以放在自增、自减运算符操作元之前，也可以放在自增、自减运算符操作元之后。其操作元必须是一个整型或浮点型变量，功能是使变量的值增 1 或减 1，例如：

++x(--x):在使用 x 之前,先使 x 的值增(减)1
x++(x--):在使用 x 之后,使 x 的值增(减)1

++x 和 x++ 的作用都相当于 x=x+1。两者的区别在于：++x 是先执行 x=x+1，再使用 x 的值；而 x++ 则是先使用 x 的值，再执行 x=x+1。例如：如果 a 的初值为 4，则 b=++a; 的计算结果是，b 的值为 5，a 的值为 5；对于 b=a++;，其计算结果是，b 的值为 4，a 的值为 5。

使用算术运算符和括号，把符合 Java 语法规则的表达式连接起来称为算术表达式，例如：x+4*y+8-7*(z+9)。

4. 算术混合运算的精度

Java 在计算算术表达式的值时，最终结果的精度以表达式中最高精度的类型为准，具体使用下列运算精度规则。

（1）如果表达式中有双精度浮点数（double），则按双精度进行运算。例如，表达式 7.0/2+8 的结果 11.5 的 double 型数据。

（2）如果表达式中的最高精度是单精度浮点数（float 型数据），则按单精度进行运算。例如，表达式 7.0F/2+8 的结果 11.5 的 float 型数据。

（3）如果表达式中的最高精度是 long 型整数，则按 long 型精度进行运算。例如，表达式 10L+100+'A' 的结果是 175 的 long 型数据。

（4）如果表达式中最高精度低于 int 型整数，则按 int 型精度进行运算。例如，表达式 (byte) 8+'a' 和 7/2 的结果分别为 105 和 3，它们都是 int 型数据。

Java 允许把不超出 byte、short 和 char 的取值范围的算术表达式值赋给 byte、short 和 char 型变量。例如，(byte)10+'a' 的结果是 127 的 int 型常数。

2.6.2 关系运算符与关系表达式

表 2-3 列出了 Java 中的 6 种关系运算符的优先级、含义、用法、结合方向。

关系运算符用来比较两个值的关系，是二目运算符。关系运算符的运算结果是 boolean 型。当对应的关系成立时，运算结果是 true；否则是 false。例如，14>6 的结果是 true；4!=25 的结果是 true；13>25-18 的结果是 true。由于算术运算符的级别高于关系运算符，故相当于 13>(25-18)，结果是 true。

通过关系运算符把数值型的表达式连接起来，形成关系表达式。例如 a>8+b，(x+y)>=100 等。

表 2-3 关系运算符

运算符	优先级	含义	用法	结合方向
>	6	大于	op1>op2	左→右
<	6	小于	op1<op2	左→右
>=	6	大于等于	op1>=op2	左→右
<=	6	小于等于	op1<=op2	左→右
==	7	等于	op1==op2	左→右
!=	7	不等于	op1!=op2	左→右

2.6.3 逻辑运算符与逻辑表达式

表 2-4 列出了 Java 中的 3 种逻辑运算符的优先级、含义用法及结合方向。

逻辑运算符包括 &&、||、!，其中 && 和 || 为二目运算符，实现逻辑与和逻辑或；! 为单目运算符，实现逻辑非。逻辑运算符的操作元必须是 boolean 型数据。

表 2-4 逻辑运算符

运算符	优先级	含义	用法	结合方向
&&	11	逻辑与	op1&&op2	左→右
||	12	逻辑或	op1||op2	左→右
!	2	逻辑非	!op	右→左

通过逻辑运算符把结果为 boolean 型的表达式连接起来形成逻辑表达式，表 2-5 给出了用逻辑运算符进行逻辑运算的结果。

表 2-5 用逻辑运算符进行逻辑运算

op1	op2	op1&&op2	op1||op2	!op1
true	true	true	true	false
true	false	false	true	false
false	true	false	true	true
false	false	false	false	true

从表 2-5 可以看出，对于 && 和 ||，当参与运算的一个操作数已经足以推断出表达式的值时，另一个操作数（也可能是表达式）就不必执行了，所以 && 和 || 也称为短路逻辑运算符。例如，当 op1 的值为 false 时，&& 运算符在进行运算时不必再去计算 op2 的值，直接就可以得出 op1&&op2 的结果为 false；当 op1 的值是 true 时，|| 运算符在进行运算时，不再去计算 op2 的值，直接得出 op1||op2 的结果为 true。

2.6.4 赋值运算符与赋值表达式

赋值运算符 "=" 是二目运算符，左边的操作元必须是变量，不能是常量或表达式。例如：

```
int x,y;
boolean z;
```

y=x+20；与 z=false；都是正确的赋值表达式，赋值运算符的结合方向是从右到左。赋值表达式的值就是赋值号 "=" 左边变量的值。例如，根据 x，y 的数据声明，表达式 x=32；和 y=x+103；的值分别是 32 和 135。

需要特别注意的是，赋值运算符 "=" 与关系运算符 "==" 的区别。例如，x=y；和 x==y；前者是赋值表达式，后者是关系表达式；而 10=10；是非法的赋值表达式，但关系表达式 10==10 是合法的，其值是 true。

2.6.5 运算符综述

Java 表达式就是用运算符连接起来的符合 Java 规则的式子，运算符的优先级决定了表达式中运算执行的先后顺序。在编写程序时，为了避免产生模糊不清的计算顺序，可以使用括号来实现想要的运算次序。运算符的结合性，决定了相同级别运算符的先后顺序。例如，加减的结合方向是从左到右，a-b+c 相当于 (a-b)+c；逻辑非运算的结合方向是从右到左，!!a 相当于!(!a)。表 2-6 列出了 Java 所有运算符的优先级、功能描述和结合方向。

表 2-6 运算符的优先级和结合性

优先级	功能描述	运算符	结合方向
1	分隔符	[ ] ( ) . , ;	
2	对象归类，自增自减运算，逻辑非	instanceof ++ -- !	右→左
3	算数乘除取余运算	* / %	左→右
4	算术加减运算	+ -	左→右
5	移位运算	>> << >>>	左→右
6	大小关系运算	< <= > >=	左→右
7	相等关系运算	== !=	左→右
8	按位与运算	&	左→右
9	按位异或运算	^	左→右
10	按位或运算	|	左→右
11	逻辑与运算	&&	左→右
12	逻辑或运算	||	左→右
13	三目条件运算	?:	左→右
14	赋值运算	=	右→左

2.7 语句概述

Java 语句分类如表 2-7 所示。

表 2-7 Java 语句分类

语句分类	语句构成	举例说明
方法调用语句	类创建的对象调用其方法	如输出语句：System.out.println("Hello");
表达式语句	表达式末尾加上分号	如赋值语句：y=34;

复合语句	用 { } 括起来的语句集合	{
		y=356+x;
		System.out.println("How are you");
		}

空语句	一个分号	;

续表

语句分类	语句构成	举例说明
控制语句	分为条件、开关语句和循环语句	if 语句 switch 语句 while 语句 for 语句等
包语句和导入语句	package 语句 import 语句	包语句：package circle； 导入语句：import java.util.Scanner；

编程的目的是解决现实问题,更精准表达现实的需求。例如,在现实中经常会遇到需要根据条件进入不同的分支处理或某些功能需要不断重复执行的情况,所以 Java 提供了支持这些功能的语句,即 if 条件语句和 switch 开关语句。本节介绍除包语句和导入语句之外的其他语句。

2.7.1 条件语句

条件语句适用于描述单条件和多条件的情况,按语法格式可细分为 3 种形式。

1. if 语句

if 语句是单条件单分支语句,即根据一个条件来控制程序执行的流程。

if 语句的语法格式及流程如图 2-5 所示,关键字 if 后面的小括号内的表达式的值必须是 boolean 型。如果表达式的值为 true,则执行关键字 if 后面最近的复合语句,结束 if 语句的执行;如果表达式的值为 false,则结束 if 语句的执行。

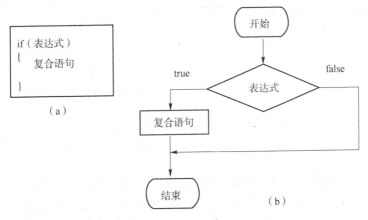

图 2-5 if 语句的语法格式及流程
(a) 语法格式；(b) 流程

例 2-3 输出变量 a、b 中较大的值。

```
public class Example2_3
{
    public static void main(String args[])
    {
        int a = 23,b = 53;
```

```
        if(a > b)
        {
            System. out. println("a、b 中较大的数是:a=" + a);
        }
        if(a < b)
        {
            System. out. println("a、b 中较大的数是:b=" + b);
        }
    }
}
```

2. if-else 语句

if-else 语句是单条件双分支语句，根据一个条件来控制程序执行的走向。if-else 语句的语法格式及流程如图 2-6 所示，关键字 if 后面的小括号内的表达式值必须是 boolean 型。如果表达式的值为 true，则执行 if 后面最近的复合语句，结束 if 语句的执行；如果表达式的值为 false，则执行关键字 else 后面最近的复合语句，结束 if-else 语句的执行。

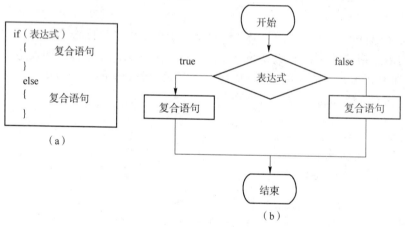

图 2-6　if-else 语句的语法格式及流程
（a）语法格式；（b）流程

注：表达式中的条件成立或不成立，要执行的是多条语句，一定要加 {}，变成复合语句，if 分支复合语句的写法如图 2-7 所示，左图中的 if 语句是有语法错误的。

图 2-7　if 分支复合语句的写法

3. if-else if-else 语句

if-else if-else 语句是多条件分支语句，即根据多个条件来控制程序执行的流程。

if-else if-else 语句的语法格式及流程如图2-8所示，关键字if后面的小括号内的表达式的值必须是boolean型。该语句执行的时候，首先计算表达式1的值，如果表达式的值为true，则执行关键字else后面小括号内最近的复合语句，结束if-else if-else 语句的执行；如果表达式的值为false，则继续计算表达式2的值。以此类推，直到计算表达式n的值为止，然后执行关键字else后面小括号内最近的复合语句，结束if-else if-else 语句的执行。如果所有表达式的值都为false，则只进行关键字else后面小括号内的复合语句，结束if-else if-else 语句的执行。

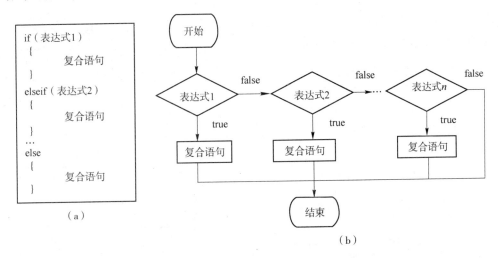

图 2-8　if-else if-else 语句的语法格式及流程
（a）语法格式；（b）流程

if-else if-else 语句中的else部分是可选项，如果没有else部分，当所有表达式的值为false时，结束if-else if-else 语句的执行即可（即什么也不做）。

2.7.2　switch 开关语句

switch 语句适用于单条件多分支的情况，一般格式定义如下：

```
switch(表达式)
{
    case 常量值 1:
              复合语句 1
              [break;]
    case 常量值 2:
              复合语句 2
              [break;]
        ...
    case 常量值 n:
              复合语句 n
```

```
            [break;]
    default:
        复合语句 n+1
}
```

注：

（1）条件中的表达式的值必须是 byte、short、int、char 型，不能是 String 或 long 型。

（2）常量值 1～常量值 n 必须与 switch 表达式对应类型相同，且每个常量值互不相同。

（3）break 语句是可选的，每个分支最好有 break 语句，否则会从匹配的常量值直到最后。

（4）default 语句是可选的，位置是任意的。

switch 语句的流程如图 2-9 所示。

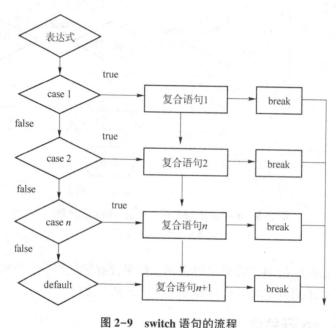

图 2-9 switch 语句的流程

（1）先计算表达式的值，如果表达式的值和某个 case 的常量值相等，则执行 case 里的复合语句，直到遇到 break。

（2）如果某个 case 语句中没有使用 break 语句，一旦表达式的值和该 case 后面的常量值相等，不仅会执行 case 里的复合语句，还会执行后续的 case 里的若干复合语句，直到碰到 break。

（3）如果表达式的值不与任何 case 的常量值相等，则执行 default 后面的复合语句。

（4）如果没有 default 语句，且 switch 语句中表达式的值不与任何 case 的常量值相等，那么 switch 语句就什么也不做。

相对 if 语句而言，switch 语句是根据一个条件选择执行一个或多个分支的操作。

例 2-4 使用 switch 语句判断用户输入的是否为中奖号码。

```java
import java.util.Scanner;
public class Example2_5
{
    public static void main(String args[])
    {
        int num;
        System.out.println("输入待判断的正整数:");
        Scanner input=new Scanner(System.in);
        num = input.nextInt();
        switch(num)
        {
         case 56 :
         case 301 :   System.out.println(num + "是三等奖");
               break;
         case 201 :System.out.println(num + "是二等奖");
               break;
         case 101 :System.out.println(num + "是一等奖");
               break;
         default:   System.out.println(num + "未中奖");
        }
    }
}
```

2.7.3 循环语句

循环语句根据条件,有些语句需要反复执行,直到满足或不满足条件为止。

1. for 循环语句

for 语句的语法格式及流程如图 2-10 所示。

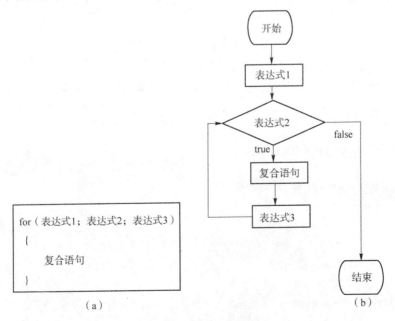

图 2-10　for 语句的语法格式及流程
(a) 语法格式；(b) 流程

for 语句中的表达式 1 进行初始化工作；表达式 2 必须是 boolean 型的，称为循环条件；表达式 3 用来调整循环变量，改变循环条件。复合语句是需要反复执行的部分，也称为循环体。

for 语句的执行规则如下。

(1) 计算表达式 1，完成初始化工作。
(2) 判断表达式 2 的值，如果表达式 2 的值为 true，则转（3），否则转（4）。
(3) 执行复合语句的循环体，然后计算表达式 3，改变循环条件，转（2）。
(4) 结束 for 语句的执行。

例 2-5　计算 1+2+3+…+100 之和。

```
public class Example2_5
{
    public static void main(String args[])
    {
        long sum=0,n;
        for(n=1;n<=100;n++)
        {
            sum=sum+n;
        }
        System.out.println("sum="+sum);
    }
}
```

JDK 1.5 版本后对 for 语句对数组的遍历，提供了更好的支持，语法格式如下：

```
for(声明循环变量:数组的名字)
{
    …
}
```

可以将该形式的 for 语句理解成"利用循环变量，依次取出数组中每一个元素"。该语句中声明的循环变量的类型必须与数组类型相同。

例 2-6　分别使用 for 语句的传统方式和改进方式遍历数组，比较两者的区别。

```
public class Example2_6
{
    public static void main(String args[])
    {
        int a[] = {4,5,7,9};
        char b[] = {'c','d','e','f'};
        for(int i=0;i<a.length;i++)//传统方式
        {
            System.out.print(a[i]);
        }
        for(int i=0;i<b.length;i++)//传统方式
        {
```

```
            System. out. print(b[i]);
        }
        for(int i:a)        //改进方式
        {
            System. out. print(i);
        }
        for(char ch:b)//改进方式
        {
            System. out. print(ch);
        }
        System. out. println();
    }
}
```

注：

for（声明循环变量：数组的名字）中的声明循环变量不可以使用已经声明过的变量。例如，上述例 2-6 中的第 3 个 for 语句不可以分开写成一条声明循环变量和一条 for 语句。以下为错误格式：

```
int i=0;
for(i:a)
{
    System. out. println(i);
}
```

2. while 循环语句

while 语句的语法格式及执行流程如图 2-11 所示。

while 语句的执行规则如下。

（1）计算表达式的值，如果该值为 true，就转（2），否则转（3）。

（2）执行复合语句的循环体，再转（1）。

（3）结束 while 语句的执行。

while 语句的表达式是 boolean 型，复合语句称为循环体，循环体只有一条语句，大括号可以省略。类似地，还有 do-while 循环语句，do-while 语句的语法格式及流程如图 2-12 所示。

do-while 语句的执行规则如下。

（1）执行复合语句的循环体，再转（2）。

（2）计算表达式的值，如果该值为 true，就转（1），否则转（3）。

（3）结束 do-while 语句的执行。

do-while 循环和 while 循环的区别是 do-while 的循环体至少被执行一次。

例 2-7 用 while 语句计算 2+22+222+2222+…的前 10 项之和。

```
public class Example2_7
{
    public static void main(String args[])
    {
```

```
        long sum = 0, item = 2, i = 1;
        for(i = 1;i <= 10; i++)
        {
            sum = sum + item;
            item = item*10 + 2;
        }
        System. out. println("sum="+sum);
    }
}
```

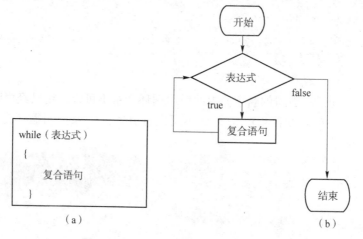

图 2-11　while 语句的语法格式及流程
(a) 语法格式；(b) 流程

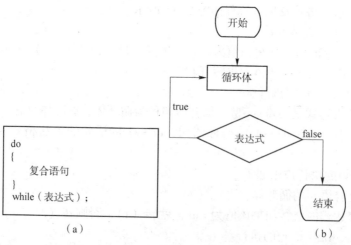

图 2-12　do-while 语句的语法格式流程
(a) 语法格式；(b) 流程

3. break 和 continue 语句

break 语句格式：break；

break 语句除了用在 switch 语句中，还可以用在循环语句中，表示退出整个循环语句。

continue 语句格式：continue；

continue 语句一般用在循环体中，表示退出本次循环。

例如，在某个原来需要循环 n 次的循环语句中，如果某次循环中使用了 break 语句，则整个循环就会提前结束；如果在某次循环中使用了 continue 语句，则只是结束本次循环，然后直接进入下一次循环。

例 2-8 break 和 continue 语句的差别。

```java
public class Example2_8
{
    public static void main(String args[])
    {
        int s=0,i,j;
        for( i=1;i<=100;i++)
        {
            if(i%2 != 0)
            {                    //计算100内的偶数和
                continue;
            }
            s+=i;
        }
        System.out.println("s="+s);
        for(i=2;i<=100;i++)
        {                        //求100以内的素数
            for( j=2;j<=i/2;j++)
            {
                if(i%j == 0)
                    break;
            }
            if(j > i/2)
            {
                System.out.println("" + i + "是素数");
            }
        }
    }
}
```

2.8 本章小结

本章介绍了 Java 中的基本数据类型、数组、运算符与表达式，介绍了常见的 if 条件语句、switch 开关语句及 for 循环、while 循环语句。通过本章学习，可以掌握 Java 的基本使用。

习 题

1. 为何 Java 标识符不能以数字开头？
2. float 型和 double 型变量在存储上有什么区别？
3. 编写一个应用程序，给出汉字姓氏"王""吴""刘"在 Unicode 表中的位置。
4. 编写一个应用程序，输出全部的英文小写字母。

第 3 章

面向对象

本章目标

- 了解面向对象的基本概念。
- 理解面向对象的 3 个主要特征。
- 掌握类与对象的关系。
- 掌握类的定义。
- 掌握类的创建与引用。
- 理解匿名对象、内部类、final、instanceof、this 关键字。
- 掌握抽象类、接口。
- 了解统一建模语言。
- 理解面向对象设计原则。
- 了解面向对象的哲学思考。

本章思维导图

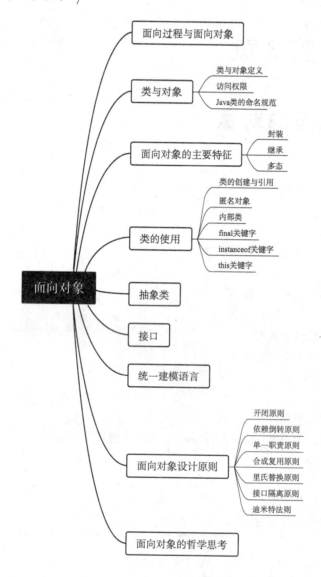

3.1 面向过程与面向对象

计算机编程语言可以分为机器语言、汇编语言、高级语言,其中高级语言可以分为面向过程的高级语言、面向对象的高级语言,如图 3-1 所示。常见的面向过程的高级语言有 C 语言,面向对象的高级语言有 C++、Java、C#等。

图 3-1 计算机编程语言分类

第3章 面向对象

面向过程（Procedure Oriented）的思想是分析出解决问题所需要的步骤，然后用函数逐步实现这些步骤，使用的时候再依次调用；面向过程程序是由一系列相互独立的常量、变量和函数组成，它们之间没有明显的关联和隶属关系。函数之间可以相互调用，也可以使用全局的常量、变量，甚至可以改变全局的变量。

随着计算机技术的发展，需要解决的问题越来越复杂，计算机软件规模的扩张也越来越快。这样一来，软件的代码量越来越大，软件的开发、代码的维护、功能的修改变得越来越困难。

面向对象语言的发展是计算机技术发展到一定阶段的产物。真正的面向对象程序设计是在 Smalltalk 语言中实现的，"面向对象"（Object Oriented）一词是 Smalltalk 首先提出的。面向对象方法学认为：客观世界由各种"对象"组成，任何事物都是对象；每一个对象都有自己的运动规律和内部状态；不同对象的组合及相互作用构成了我们要研究、分析和构造的客观系统。面向对象程序的代码是由一系列对象组成，每个对象包含其所属的常量、变量、函数（为了与面向过程函数区分，常称为方法）。面向对象程序的主要优点是易维护、易复用、易扩展。面向对象的编程方法确实具有一定的优越性，但并不能取代面向过程的编程方法。当今 IT 界两种方式的编程语言都是很活跃的，甚至有可以混合使用两种编程方法的高级语言，如 Python、PHP 等。

面向过程与面向对象技术比较如表 3-1 所示，面向过程与面向对象方法的差异如图 3-2 所示，面向对象的软件系统构造范例如图 3-3 所示。

表 3-1 面向过程与面向对象技术比较

	面向过程技术	面向对象技术
思维方式	以算法为核心，数据与过程分离；开发过程基于功能分析和功能分解，自上而下，上层模块控制下层模块	封装数据与操作；以对象为核心；更接近人类的认知思维；基于构造问题领域的对象模型
可维护性	抽象层次不高，主要是函数、模块的共享；当需求变化时，引起软件结构的较大变化，可维护性较差	抽象层次高，利于实现松散耦合；重用性好；可维护性较好

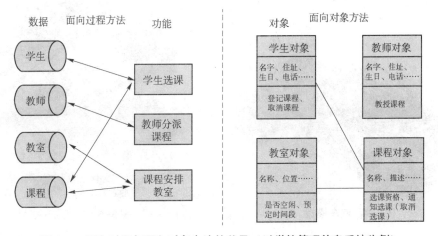

图 3-2 面向过程与面向对象方法的差异（以学校管理信息系统为例）

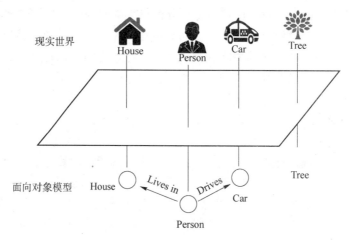

图 3-3 面向对象的软件系统构造范例

3.2 类与对象

3.2.1 类与对象的定义

1. 类的定义

类（class）是描述对象的"基本原型"，它定义了一种对象所能拥有的数据和能完成的操作。在面向对象的程序设计中，类是程序的基本单元。

类是用于描述同一类型的对象的一个抽象的概念，类中定义了这一类对象所具有的静态与动态属性。可以理解为类是一个模板、蓝图，有了模板，就可以参照模板创建新的对象。图 3-4 为汽车模板，汽车制造厂商可以参照这个模板批量生产符合该模板的汽车；图 3-5 为造型饼干模板，利用它可以批量生产具有该造型的饼干。

图 3-4 汽车模板

图 3-5 造型饼干模板

因此，类可以理解为是对某一类事物的描述，是抽象的、概念上的定义。

2. 对象的定义

对象是实际存在的该类事物的每个个体,因而也称为实例(instance)。

按照类"样板"建立的具体对象,就是实例。实例是一个具体的对象("对象"这个术语有泛指的含义)。

在 Java 中,类的定义规范以及对象的实例化代码如下:

```
class 类名称    //类的定义
{
    访问控制符 数据类型 属性1;
    …;
    访问控制符 返回值的数据类型 方法名称1(参数1,参数2…)
    {
        程序语句体;
        [return 表达式;]
    }
}
类名 对象名称 = new 类名();//对象实例化
```

例 3-1 Student 类的定义及实例化。

代码如下:

```
class Student    //Student 类的定义
{
    String name;
    int age;
    String studNo;
    public void studentInfo()
    {
        System.out.println("学生姓名:" + name + ",年龄:" + age+",学号:" + studNo);
    }
}
public class StudentDemo301
{
    public static void main(String args[])
    {
        Student stud= new Student();//stud 实例化
    }
}
```

访问类中的属性和方法。
(1) 访问属性:对象名称.属性名。
(2) 访问方法:对象名称.方法名()。

例 3-2 访问类中的属性和方法。

代码如下:

```
class Student
{
    String name;
    int age;
```

```
        String studNo;
    public void studentInfo()
        {
            System.out.println("学生姓名:" + name + ",年龄:" + age);
        }
}
public class StudentDemo302
{
    public static void main(String args[])
    {
        Student stud = new Student();
        stud.name = "大学生李四";        // 为属性赋值
        stud.age = 18;
        stud.studNo = "20200812901";
        stud.studentInfo();              // 调用类中的方法
    }
}
```

3.2.2 访问权限

Java 对类中的属性及方法进行了封装,并设置了不同的访问权限,目前存在 4 种访问权限,开发者根据需要可以灵活地对类中的属性及方法进行几种权限的设置。Java 访问权限范围如表 3-2 所示。

(1) private 访问权限。
(2) default(默认)访问权限。
(3) protected 访问权限。
(4) public 访问权限。

表 3-2 Java 访问权限范围

范围	private	default	protected	public
同一类	√	√	√	√
同一包中的类		√	√	√
不同包的子类			√	√
其他包中的类				√

例 3-3 类的访问限制。
代码如下:

```
class Student2
{
    public String name;
    int age;
    String studNo;
    private String idNo;
    protected String address;
public void studentInfo()
```

```java
        {
            System.out.println("学生姓名:" + name + ",年龄:" + age);
        }
}
public class StudentDemo303
{
    public static void main(String args[])
    {
        Student stud= new Student() ;
        stud.name = "大学生李四";  //同一包内的类可以访问 public 属性
        stud.age = 18;      //同一包内的类可以访问 default 属性
        stud.idNo ="4501234567***";  //错误,同一包内的类不能访问 private 属性
        stud.address ="南宁市***";  //错误,同一包内的类不能访问 protected 属性
        stud.studentInfo();         // 同一包内的类可以访问 public 属性
    }
}
```

3.2.3 Java 类的命名规范

在 Java 中，声明类、方法、属性等命名都是有一定的规范的，规范主要如下。
（1）类名：所有单词的首字母大写，如 Hello World。
（2）方法名：第一个单词的首字母小写，之后每个单词的首字母大写，如 getMessage( )。
（3）属性名：第一个单词的首字母小写，之后每个单词的首字母大写，如 personName。
（4）包名：所有单词的字母小写，如 com.nnnu.cs。
（5）常量名：所有单词的字母大写，如 MAXCOUNT。

3.3 面向对象的主要特征

面向对象编程已经成为软件设计的一项重要技术，学习掌握面向对象编程已经成为一项必备技能。面向对象编程具有可维护、可复用、可扩展的优点。面向对象编程主要有 3 个特性，即封装、继承、多态。

3.3.1 封装

封装是面向对象方法的重要原则，就是把对象的属性和操作（或服务）结合为一个独立的整体，并尽可能隐藏对象的内部实现细节。

封装是把过程和数据隐藏起来，控制用户对类的修改和访问数据的程度，用户只能通过已定义的接口对数据进行访问。面向对象计算始于这个基本概念，即现实世界可以被描绘成一系列完全自治、封装的对象，这些对象通过一个受保护的接口访问其他对象。封装是一种信息隐藏技术，适当的封装可以让代码更容易理解和维护，也加强了代码的安全性。在 Java 中通过关键字 private、protected 和 public 对访问权限进行控制进而实现封装。

属性封装格式如下：

private 属性类型 属性名称；

方法封装如下：

private 方法返回值 方法名称(参数列表){}

例 3-4 类的封装。
代码如下：

```java
class Person
{
    private String name;        // 声明姓名属性
    private int age;            // 声明年龄属性
    public void tell()          // 取得信息的方法
    {
        System.out.println("姓名:" + name + ",年龄:" + age);
    }
}
public class EncapDemo
{
    public static void main(String args[])
    {
        Person per = new Person();
        per.name = "罗罗";    // 错误,无法访问封装属性
        per.age = 20;         // 错误,无法访问封装属性
        per.tell();
    }
}
```

增加属性访问 setter 及 getter

```java
class Person
{
    private String name;
    private int age;
    public void tell()
    {
        System.out.println("姓名:" + getName() + ",年龄:" + getAge());
    }
    public String getName()
    {
        return name;
    }
    public void setName(String sname)
    {
        name = sname;
    }
    public int getAge()
```

```java
    {
        return age;
    }
    public void setAge(int iage)
    {
        age = iage;
    }
}
public class EncapDemo
{
    public static void main(String args[])
    {
        Person per = new Person();
        per. setName("罗罗");      // 可以通过 setter 访问封装属性
        per. setAge(20);           // 可以通过 setter 访问封装属性
        per. tell();
    }
}
```

3.3.2 继承

继承是面向对象的最显著的一个特征。继承是从已有的类中派生出新的类，新的类能拥有已有类的数据属性和行为，并能扩展新的能力。

继承是使用已存在的类的定义作为基础建立新类的技术，新类的定义可以增加新的数据或新的功能，也可以用父类的功能，但不能选择性地继承父类。继承避免了对一般类和特殊类之间共同特征进行的重复描述。同时，通过继承可以清晰地表达每一项共同特征所适应的概念范围——在一般类中定义的属性和操作适用于这个类本身以及它以下的每一层特殊类的全部对象。运用继承原则使系统模型比较简洁也比较清晰，也使复用以前的代码非常容易。

继承表示两个类之间是 is a、is like 或 is kind of 的关系。若类 B 继承类 A，则属于类 B 的对象便具有类 A 的全部或部分性质（数据属性）和功能（操作），我们称被继承的类 A 为基类、父类或超类，而称继承类 B 为类 A 的派生类或子类。

继承分为单继承和多继承。单继承是指一个子类最多只能有一个父类；多继承是一个子类，可以有两个以上的父类。由于多继承会带来二义性，在实际应用中应尽量使用单继承。

Java 语言中的类只允许单继承，不能使用多继承，即一个子类只能继承一个父类。单继承使 Java 的继承关系很简单，一个类只能有一个父类，易于管理程序。但是 Java 允许进行多层继承，即一个子类可以有一个父类，一个父类还可以有一个父类。为了克服单继承的缺点，Java 允许一个类可以实现多个接口，接口支持多继承。在 Java 中使用 extends 关键字完成类的继承关系，操作格式如下：

```
class 父类{}                    // 定义父类
class 子类 extends 父类{}       // 使用 extends 关键字实现继承
```

例 3-5 子类扩展父类的功能。

代码如下：

```java
class Person                          // 定义 Person 类
{
    private String name;              // 定义 name 属性
    private int age;                  // 定义 age 属性
    public String getName()           // 取得 name 属性
    {
        return name;
    }
    public void setName(String name)  // 设置 name 属性
    {
        this.name = name;
    }
    public int getAge()               // 取得 age 属性
    {
        return age;
    }
    public void setAge(int age)       // 设置 age 属性
    {
        this.age = age;
    }
}
class Student extends Person          // Student 是 Person 的子类
{
    private String grade;             // 新定义的属性 grade
    public String getGrade()          // 取得 grade 属性
    {
        return grade;
    }
    public void setGrade(String grade)    // 设置 grade 属性
    {
        this.grade = grade;
    }
    public void fun()
    {
        System.out.println("父类中的 name 属性:" + name);  // 错误,无法访问
        System.out.println("父类中的 age 属性:" + age);    // 错误,无法访问
        System.out.println("父类中的 name 属性:" + this.getName());  // 可以访问
        System.out.println("父类中的 age 属性:" + this.getAge());    // 可以访问
    }
}
```

Person 与 Student 的继承关系如图 3-6 所示。

注：在使用继承的时候也应注意子类是不能直接访问父类中的私有成员（private）的，但是可以调用父类中的非私有方法。

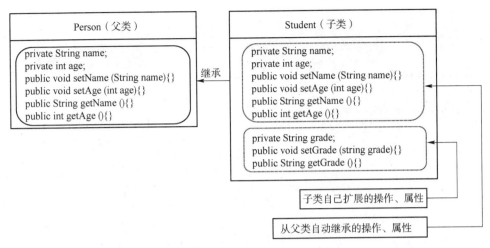

图 3-6　Person 与 Student 的继承关系

3.3.3　多态

多态按字面的意思就是"多种状态"。多态指同一个实体同时具有多种形式，它是面向对象程序设计的一个重要特征。多态：同一操作作用于不同的对象，可以有不同的解释，产生不同的执行结果。在学习 Java 的过程中，对于多态的理解非常关键，理解多态也就意味着打开了理解 Java 各种"抽象"的大门。

在 Java 中面向对象主要有以下两种体现。

（1）方法的重载与覆写。

（2）对象的多态性。

方法重载（overload）是在同一个类中，定义了多个方法，它们具有相同的方法名称和不同的参数列表。方法重载只关注名称和参数列表，其他包括返回值类型、属性修饰符、范围限定等，都不影响方法重载的概念。

方法覆写（override）是在继承体系结构下，子类中定义的方法与父类中的方法，具有相同的名字、参数列表和返回值类型，在子类中重新定义父类方法。方法覆写要求子类方法的范围限定不能比父类方法的范围小，且不能抛出更多的异常。在 Java 中，final 型的方法和 static 型的方法不能被覆写。

对象的多态性主要分为向上转型和向下转型两种类型。

（1）向上转型：子类对象 → 父类对象。

（2）向下转型：父类对象 → 子类对象。

对于向上转型，程序会自动完成，格式如下：

父类 父类对象 = 子类实例；

对于向下转型，必须明确地指明要转型的子类类型，格式如下：

子类 子类对象 = (子类)父类实例；

例 3-6　多态实例。

代码如下:

```java
class Person                              // 定义父类
{
    public void eat()                     // 定义 eat()方法
    {
        System.out.println("Person→eat()");
    }
    public void walk()                    // 定义 walk()方法
    {
        System.out.println("Person→walk()");
    }
};
class Man extends Person                  // 子类通过 extends 继承父类
{
    public void eat()                     // 覆写父类中的 eat()方法
    {
        System.out.println("Man→eat()");
    }
    public void walk()                    // 覆写父类中的 walk()方法
    {
        System.out.println("Man→walk()");
    }
    public void work()                    // 子类自己定义的方法
    {
        System.out.println("Man→work(), find food ");
    }
    public void work(String food)         // 重载自己定义的方法
    {
        System.out.println("Man→work(), cooking: " + food);
    }
};

class Woman extends Person                // 子类通过 extends 继承父类
{
    public void eat()                     // 覆写父类中的 eat()方法
    {
        System.out.println("Woman→eat()");
    }
    public void walk()                    // 覆写父类中的 walk()方法
    {
        System.out.println("Woman→walk()");
    }
    public void work()                    // 子类自己定义的方法
    {
```

```java
            System.out.println("Woman→work(), do homework ") ;
        }
    };
public class PolymDemo1
{
    public static void main(String[] args)
    {
        Man m1 = new Man() ;         //子类实例化对象
        m1.work();
        m1.work("fish");             //重载 work()
        Person p1 = m1 ;             //向上转型,子类 → 父类
        p1.eat();                    // 此方法被子类覆写过
        p1.work();                   //错误,向上转型后,无法使用子类自定义方法
        Man m2 = (Man) m1;
        m2.work();   //向下转型,父类→子类,可以使用子类自定义方法
        p1 = new Person();
        m1 = (Man) p1;               //错误的向上转型
        p1 = new Woman();            //向上转型
        p1.eat();                    // 此方法被子类覆写过
        m2 = (Man) p1;               //错误的向下转型
        Woman w1 = (Woman) p1;       //向下转型,父类→子类
        w1.work();

    }
}
```

运行结果：

Man→work(), find food
Man→work(), cooking: fish
Man→eat()
Man→work(), find food
Woman→eat()
Woman→work(), do homework

3.4 类的使用

3.4.1 类的创建与引用

1. 构造方法

构造方法是一种特殊的方法，主要用来在创建对象时初始化对象，即为对象成员变量赋初始值，在创建对象的语句中与 new 运算符一起使用。

构造方法具有以下特点。

(1) 构造方法的方法名必须与类名相同。

(2) 构造方法没有返回值类型，可以有 return，但是不能有返回值，return 在这里只表示结束，并不表示返回。

(3) 构造方法的主要作用是完成对象的初始化工作，它能够把创建对象时的参数传给对象的成员。

(4) 一个类可以定义多个构造方法，以进行不同的初始化。如果在定义类时没有定义构造方法，则编译系统会自动插入一个无参数的默认构造方法，这个构造方法不执行任何代码。但如果在类中自定义了一个或多个构造方法，这时默认的构造方法就没有了。多个构造方法在类中以重载的形式体现。

构造方法格式如下：

```
class 类名称
{
    访问控制符 类名称(类型1 参数1,类型2 参数2,…)
    {
        程序体；
        …         // 构造方法没有返回值
    }
}
```

例 3-7 构造方法实例。

代码如下：

```
class Student
{
    private String name;        // 姓名属性
    private int age;            // 年龄属性
    private String studNo;      // 学号属性
    public Student()            // 重载:定义构造方法为属性初始化
    {
    }
    public Student(String name, int age)    // 重载:定义构造方法为属性初始化
    {
        this.setName(name);     // 为 name 属性赋值
        this.setAge(age);       // 为 age 属性赋值
    }
    public Student(String name, int age, String studNo)   // 重载:定义构造方法为属性初始化
    {
        this.setName(name);     // 为 name 属性赋值
        this.setAge(age);       // 为 age 属性赋值
        this.setStudNo(studNo); // 为 studNo 属性赋值
    }
    public void studentInfo()   // 取得信息的方法
    {
        System.out.println("学生姓名:" + getName() + ",年龄:"
```

```java
            + getAge() + ",学号:" + getStudNo());
    }
    private String getName()
    {
        return this.name;
    }
    private int getAge()
    {
        return this.age;
    }
    private String getStudNo()
    {
        return this.studNo;
    }
    private void setAge(int age)
    {
        this.age = age;
    }
    private void setName(String name)
    {
        this.name = name;
    }
    public void setStudNo(String studNo) // 设置学号
    {
        if (studNo != null && studNo.length() > 0) // 在此处加上验证代码
        {
            this.studNo = studNo;
        }
    }
}
public class ConstrDemo
{
    public static void main(String args[])
    {
        Student stud1 = new Student();              // 调用构造方法,无参数
        stud1.studentInfo();                        // 输出学生信息
        Student stud2 = new Student("罗罗",19);      // 调用构造方法,传递2个参数
        stud2.studentInfo();                        // 输出学生信息
        Student stud3 = new Student ("康康",20,"20200101");   // 调用构造方法,传递3个参数
        stud3.studentInfo();                        // 输出学生信息
    }
}
```

2. 对象的引用

Java 把内存分成两种，一种称为栈内存，另一种称为堆内存。JVM 内存管理示意如图 3-7 所示，栈内存与堆内存的关系如图 3-8 所示。

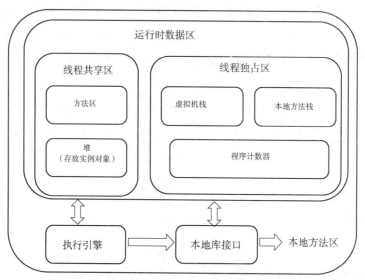

图 3-7　JVM 内存管理示意

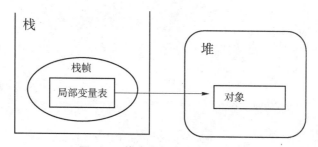

图 3-8　栈内存与堆内存的关系

在方法中定义的一些基本类型的变量和对象的引用变量都在方法的栈内存中分配。栈内存主要存放的是基本类型的数据，如 int、short、long、byte、float、double、boolean、char 和对象句柄（注意：没有 String 基本类型）。在栈内存中的数据的大小及生存周期是必须确定的，其优点是寄存速度快、栈数据可以共享，缺点是数据固定、不够灵活。当在一段代码块中定义一个变量时，Java 就在栈中为这个变量分配内存空间，当超过变量的作用域后，Java 会自动释放掉为该变量分配的内存空间，该内存空间可以立刻被另作他用。

堆内存用来存放所有 new 创建的对象和数组的数据。在堆中分配的内存，由 JVM 的自动垃圾回收器来管理。堆是应用程序在运行的时候请求操作系统分配给自己内存，由于是从操作系统管理的内存分配，所以在分配和销毁时都要占用时间，因此用堆的效率低。但是堆的优点在于，编译器不必知道要从堆里分配多少存储空间，也不必知道存储的数据要在堆里停留多长的时间。因此，用堆保存数据会得到更大的灵活性，但在堆里分配存储空间会花掉更长的时间。

在堆中产生了一个数组或者对象后，还可以在栈中定义一个特殊的变量，这个变量的取值等于数组或者对象在堆内存中的首地址。在栈中的这个特殊的变量就变成了数组或者对象的引用变量，以后就可以在程序中使用栈内存中的引用变量来访问堆中的数组或者对象。引用变量相当于为数组或者对象起的一个别名，或者代号。

引用变量是普通变量，定义时在栈中分配内存，程序运行到作用域外释放。而数组和对象本身在堆中分配，即使程序运行到使用 new 产生数组和对象的语句所在的代码块之外，数组和对象本身占用的堆内存也不会被释放。数组和对象只有在没有引用变量指向它的时候，才变成垃圾，不能再被使用，但是仍然占着内存，在随后的一个不确定的时间被自动垃圾回收器释放掉，这也是 Java 占内存较多的主要原因。实际上，栈中的变量指向堆内存中的变量，这就是 Java 中的指针。

示例如下：

```
Student stud = new Student();   //这其实是包含了两个步骤,声明和实例化
Student stud =  null;  //声明一个 Student 类的对象引用 stud
stud = new Student();  // 实例化 stud 对象
```

声明指的是创建类的对象的过程，实例化指的是用关键词 new 来开辟内存空间，创建对象栈内存与堆内存变化如图 3-9～图 3-12 所示。

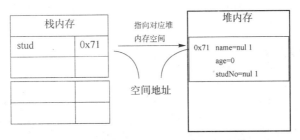

图 3-9　创建对象栈内存与堆内存变化 1

```
stud.setName("罗罗");
stud.setAge(18);
stud.setStudNo("20200101");
```

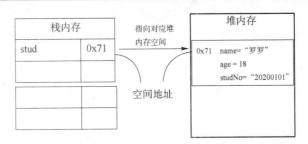

图 3-10　创建对象栈内存与堆内存变化 2

```
Student stud2 = new Student ("康康",20,"20200102");
```

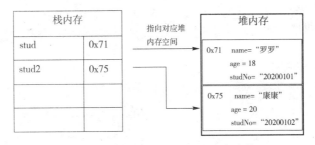

图 3-11　创建对象栈内存与堆内存变化 3

```
stud2 = stud;
```

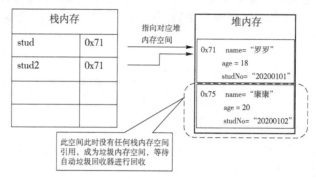

图 3-12 创建对象栈内存与堆内存变化 4

3.4.2 匿名对象

只使用一次的对象,称为匿名对象。

匿名对象只在堆内存中开辟空间,而不存在栈内存的引用,其代码如下:

```
public class NonameDemo01
{
    public static void main(String args[])
    {
        new Person("张三", 30). tell();    // 匿名对象
    }
}
```

3.4.3 内部类

在 Java 中,可以将一个类定义在另一个类里面或者一个方法里面,这样的类称为内部类。内部类一般来说包括 4 种:成员内部类、局部内部类、匿名内部类和静态内部类。

1. 成员内部类

成员内部类是最普通的内部类,它定义在另一个类的内部,代码如下:

```
class Circle
{
    private double radius = 0;
    public static int total =1;
    public Circle(double radius)
    {
        this. radius = radius;
    }

    class Draw         //内部类
    {
        public void draw()
```

```
        {
            System.out.println(radius);    //外部类的 private 成员
            System.out.println(total);     //外部类的静态成员
        }
    }
}
```

以上代码中，类 Draw 像是类 Circle 的一个成员，Circle 称为外部类。成员内部类可以无条件地访问外部类的所有成员属性和成员方法（包括 private 成员和静态成员）。

虽然成员内部类可以无条件地访问外部类的所有成员，但外部类想访问成员内部类的成员却不能这么随心所欲。在外部类中如果要访问成员内部类的成员，必须先创建一个成员内部类的对象，再通过指向这个对象的引用来访问。

```
(new Draw()).draw();    //先创建成员内部类的对象,才可以进行访问
```

成员内部类是依附外部类而存在的。也就是说，如果要创建成员内部类的对象，前提是必须存在一个外部类的对象。创建成员内部类对象的代码如下：

```
public class Test
{
    public static void main(String[] args)
    {
        //第一种方式
        Outter outter = new Outter();
        Outter.Inner inner = outter.new Inner();    //必须通过 Outter 对象来创建
        //第二种方式
        Outter.Inner inner1 = outter.getInnerInstance();
    }
}
class Outter
    {
    private Inner inner = null;
    public Outter() {
    }
    public Inner getInnerInstance()
{
        if(inner == null)
            inner = new Inner();
        return inner;
    }
    class Inner
    {
        public Inner()
        {
        }
    }
}
```

内部类可以拥有 private 访问权限、protected 访问权限、public 访问权限及包访问权限。比如上面的例子中，如果成员内部类 Inner 用 private 修饰，则只能在外部类的内部访问；如果用 public 修饰，则在任何地方都能访问；如果用 protected 修饰，则只能在同一个包下或者继承外部类的情况下访问；如果默认访问权限，则只能在同一个包下访问。这一点和外部类有些不一样，外部类只能被 public 和包访问两种权限修饰。由于成员内部类看起来像是外部类的一个成员，所以可以像类的成员一样拥有多种权限修饰。

2. 局部内部类

局部内部类是定义在一个方法或者一个作用域里面的类，它和成员内部类的区别在于局部内部类的访问仅限于方法内或者该作用域内。其代码如下：

```java
class Person
{
    public Person()
    {
    }
}
class Man
{
    public Man()
    {
    }
    public People getWoman()
    {
        class Woman extends Person     //局部内部类
        {
            int age =0;
        }
        return new Woman();
    }
}
```

注：局部内部类就像是方法里面的一个局部变量，是不能有 public、protected、private 及 static 修饰符的。

3. 匿名内部类

匿名内部类平时用得最多，在编写监听事件的代码时使用匿名内部类不但方便，而且代码更加容易维护。下面这段代码是一段 Android 监听事件代码：

```java
scan_bt.setOnClickListener(new OnClickListener()
{
    public void onClick(View v)
    {
```

```
};
history_bt.setOnClickListener(new OnClickListener()
{
    public void onClick(View v)
    {
    }
};
```

这段代码为两个按钮设置监听器,这里面就使用了匿名内部类,代码如下:

```
new OnClickListener()
{
    public void onClick(View v)
    {
    }
}
```

代码中需要给按钮设置监听器对象,使用匿名内部类能够在实现父类或者接口中的方法的情况下同时产生一个相应的对象,但是前提是这个父类或者接口必须先存在才能这样使用。

匿名内部类不能有访问修饰符和 static 修饰符。匿名内部类是唯一一种没有构造器的类。正因为其没有构造器,所以匿名内部类的使用范围非常有限,大部分匿名内部类用于接口回调。匿名内部类在编译的时候由系统自动起名为 Outter＄1.class。一般来说,匿名内部类用于继承其他类或是实现接口,并不需要增加额外的方法,只是对继承方法的实现或是重写。

4. 静态内部类

静态内部类也是定义在另一个类里面的类,只不过在类的前面多了一个关键字 static。静态内部类是不需要依赖于外部类的,这点和类的静态成员属性有点类似,并且它不能使用外部类的非 static 成员变量或者方法。因为在没有外部类的对象的情况下,可以创建静态内部类的对象,如果允许访问外部类的非 static 成员就会产生矛盾,因为外部类的非 static 成员必须依附于具体的对象。

在 Java 中使用内部类主要有以下 4 点好处。

(1) 每个内部类都能独立地继承一个接口的实现,所以无论外部类是否已经继承了某个接口的实现,对于内部类都没有影响。内部类使多继承的解决方案变得完整。

(2) 方便将存在一定逻辑关系的类组织在一起,同时可以对外界隐藏。

(3) 方便编写事件驱动程序。

(4) 方便编写线程代码。

3.4.4 final 关键字

final 在 Java 中表示最终的意思,也可以称为完结器。

可以使用 final 关键字声明类、属性、方法,需要注意的规则如下。

(1) 使用 final 关键字声明的类不能有子类。

(2) 使用 final 关键字声明的方法不能被子类所覆写。

（3）使用 final 关键字声明的变量即成为常量，常量不可以被修改。

使用 static final 关键字联合声明的变量称为全局常量，代码如下：

```
public static final String ORGNAME = "NanNingNormalUniversity";
```

3.4.5　instanceof 关键字

在 Java 中可以使用 instanceof 关键字判断一个对象到底是哪个类的实例。

格式：对象 instanceof 类。返回 boolean 型，代码如下：

```
Man m = new Man();
return m instanceof Man;      //返回 true
return m instanceof Person;   //返回 true, Man 是 Person 的子类
```

3.4.6　this 关键字

this 关键字用来表示当前对象本身，或当前类的一个实例，通过 this 关键字可以调用本对象的所有方法和属性。this 关键字只有在类实例化后才有意义。

this 关键字主要有以下 3 个应用。

（1）this 关键字调用本类中的属性，也就是类中的成员变量；this 关键字调用本类中的其他方法。

（2）如果一个类中有多个构造方法的话，也可以利用 this 关键字互相调用。this 关键字调用本类中的其他构造方法，调用时要放在构造方法的首行。

（3）this 关键字表示当前对象。

应用 1：引用成员变量。代码如下：

```
Public Class Student
{
    String name;      //定义一个成员变量 name
    private void SetName(String name) //定义一个参数(局部变量)name
    {
        this.name=name;        //将局部变量的值传递给成员变量
    }
}
```

this 这个关键字代表的就是对象中的成员变量或者方法。也就是说，如果在某个变量前面加上 this 关键字，指的就是这个对象的成员变量或者方法，而不是指成员方法的形式参数或者局部变量。在上面这个代码中，this.name 代表的就是对象的成员变量，又叫作对象的属性，而后面的 name 则是方法的形式参数，代码 this.name=name 就是将形式参数的值传递给成员变量。

应用 2：调用类的构造方法。代码如下：

```
public class Student //定义一个类,类的名字为 Student
{
    public Student() //定义一个方法,名字与类相同故为构造方法
```

```
    {
        this("Hello!");   //调用带形式参数的构造方法
    }
    public Student(String name) //定义一个带形式参数的构造方法
    {

    }
}
```

应用 3：this 关键字表示当前对象。

this 关键字最重要的特点就是表示当前对象。在 Java 中当前对象就是指当前正在调用类中方法的对象。代码如下：

```
class Person
{
    public String getInfo()
    {
        System. out. println("Person 类 → " + this);       // 直接打印 this
        return null ;
    }
}
public class ThisDemo
{
    public static void main(String[] args)
    {
        Person per1 = new Person() ;
        Person per2 = new Person() ;
        System. out. println("MAIN 方法 → " + per1);       // 直接打印对象
        per1. getInfo() ;
        System. out. println("--------------------------") ;
        System. out. println("MAIN 方法 → " + per2);       // 直接打印对象
        per2. getInfo() ;
    }
}
```

3.5 抽象类

抽象类的定义及使用规则如下。
(1) 抽象类必须是包含一个或以上抽象方法的类。
(2) 抽象类和抽象方法都要使用 abstract 关键字声明。
(3) 抽象方法只需声明而不需实现。
(4) 抽象类必须被子类继承，子类（如果不是抽象类）必须覆写抽象类中的全部抽象方法。

可以把抽象类理解为半成品的模板，还需要加工，所以还不能直接创建实例。
抽象类的定义格式如下：

```
abstract class 抽象类名称
{
    属性;
    访问权限 abstract 返回值类型 方法名称(参数);    // 抽象方法
    // 在抽象方法中是没有方法体的
}
```

抽象类定义代码如下:

```
abstract class AbsClass                          // 定义抽象类 AbsClass
{
    public abstract void draw();
    public void printInfo()
    {
        System.out.println("printInfo!");
    }
}
class AbsClassDemo extends AbsClass
{
    public void draw()                           // 覆写抽象类 AbsClass 中的抽象方法
    {
        System.out.println("draw!");
    }
}
```

3.6 接口

接口是 Java 中重要的概念,可以把接口理解为设计的规范或契约,或是设计好的模板。接口属于抽象的模板,不能直接创建实例,一般可以由全局常量和公共的抽象方法组成,也可以是空接口,仅作为标识使用。

接口的定义格式如下:

```
interface 接口名称
{
    全局常量;
    抽象方法;
}
```

接口的完整定义代码如下:

```
interface IDemo
{
    public static final String ORGNAME = "NanNingNU";    // 定义全局常量
    public abstract void draw();                         // 定义抽象方法
    public abstract String getMessage();                 // 定义抽象方法
}
```

简化定义（与上述定义等价）代码如下：

```
interface IDemo
{
    String ORGNAME = "NanNingNU";      // 定义全局常量
    void draw() ;                       // 定义抽象方法
    String getMessage() ;               // 定义抽象方法
}
```

接口的实现与抽象类一样，要使用也必须通过子类实现，子类通过 implements 关键字实现接口。

接口实现格式如下：

```
class 子类 implements 接口 A,接口 B,…
{
}
```

在 Java 中，允许一个类实现多个接口。如果一个子类同时实现了两个以上接口，在子类中就必须同时覆写完多个接口中的全部抽象方法。

一个子类可以同时继承抽象类和实现接口，格式如下：

```
class 子类 extends 抽象类 implements 接口 A,接口 B,…{}
```

一个接口不能继承一个抽象类，但是却可以通过 extends 关键字同时继承多个接口，实现接口的多继承，格式如下：

```
interface 子接口 extends 父接口 A,父接口 B,…{}
```

通过 extends 关键字同时继承多个接口的代码如下：

```
interface IA                        // 定义接口 IA
{
    public String GNAME = "NanNingNU" ;    // 定义全局常量
    public void drawA() ;                   // 定义抽象方法
}
interface IB                        // 定义接口 IB
    {
    public void drawB() ;                   // 定义抽象方法
}
interface IC extends IA,IB          // 定义接口 IC,同时继承接口 IA、IB
{
    public void drawC() ;                   // 定义抽象方法
}
abstract class AbsClass             // 定义抽象类 AbsClass
{
    public abstract void draw() ;
}
class InterfaceDemo extends AbsClass implements IA,IB    // 子类同时实现两个接口,继承一个抽象类
{
    public void drawA()                     // 覆写接口 IA 中的抽象方法
```

```
        {
            System. out. println("drawA!");
        }
        public void drawB()              // 覆写接口 IB 中的抽象方法
        {
            System. out. println("drawB!");
        }
        public void draw()               // 覆写抽象类 AbsClass 中的抽象方法
        {
            System. out. println("draw!");
        }
    }
```

3.7 统一建模语言

统一建模语言（Unified Modeling Language，UML）主要用于建模。UML 是对描述面向对象的系统分析和设计工作所用符号进行标准化尝试的一种语言，其目的是建立一套不依赖于完成设计所用方法的符号。UML 的开发意图是用于所有面向对象的开发方法、生命循环阶段、应用程序域和媒体。UML 未定义标准过程，而是为迭代开发过程提供帮助。

UML 的功能如下。

（1）图形符号可展示和表达系统的概观。

（2）为规划中的系统精密且明确地建模。

（3）使用 UML 构建的模型与语言无关，可以使用任何语言编程。

（4）帮助完成从开始至交付过程中的所有归档。

为了执行所有的任务和功能，UML 提供了一组特定的图和元素，可用来描述开发中系统的不同状态，具体如下。

（1）用例图：用例为一系列事务，其中的每个事务是从系统外部调用的，需要与内部对象合作，以便在对象与系统周围之间创建关联，演示系统与用户的交互。

（2）类图：是系统的静态结构，也是类以及这些类表示的关系的集合，演示系统的逻辑结构。

（3）时序图：是一种通过展示系统与其环境之间的交互，描述系统行为的简单而直观的方法。

（4）协作图：表示特定环境和交互中一系列关联的对象。

（5）活动图：是状态图的变更或特例。在状态图中，状态是展示执行操作的活动，操作完成后将触发转换。

（6）状态图：展示方法执行的状态和对象执行的活动。

（7）组件图：演示软件的物理结构。

（8）部署图：展示软件与硬件配置间的对应关系。

类图以反映类的结构（属性、操作）以及类之间的关系为主要目的，描述了软件系统的结构，是一种静态建模方法。在 UML 中，类图从上到下分为 3 部分，分别是类名、属性和操作。类名是必须有的，类如果有属性，则每一个属性都必须有一个名字，另外还可以有其他的描述信息，如可见性、数据类型、默认值等；如果有操作，则每一个操作也都有一个名字，其他可选的信息包括可见性、参数的名字、参数类型、参数默认值和操作的返回值等。

类、接口、抽象类的 UML 表示如图 3-13 所示。

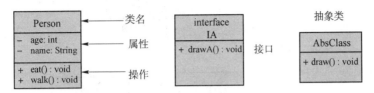

图 3-13　类、接口、抽象类的 UML 表示

类图中的关系有以下 4 种。

1. 依赖（dependency）关系

依赖表示类与类之间的连接，表示一个类依赖于另外一个类的定义，依赖关系有时是单向的，如图 3-14 所示。简单理解就是类 A 使用到了类 B，虽然两者是比较弱的关系，但是类 B 的变化会影响到类 A。

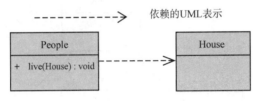

图 3-14　类的依赖关系

2. 关联（association）关系

关联关系描述了类的结构之间的关系，具有名字、角色和多重性等信息。一般的关联关系语义较弱，也有两种关联关系语义较强，分别是聚合与组合。

多重性：用数字和 * 表示，如 1…* 表示 1 个或多个；0…* 表示 0 或多个；如图 3-15 所示，动物园可以有 0 头或多头大象。

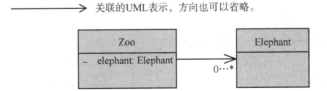

图 3-15　类的关联关系

（1）聚合（aggregation）关系。

聚合是特殊的关联关系，指明一个聚集（整体）和组成部分之间的关系，是 has-a 的关系。如图 3-16 所示，汽车可以由轮胎、发动机聚合。

（2）组合（composition）关系。

组合又称为强聚合，是语义更强的聚合，部分和整体具有相同的生命周期，即 containsa 的关系。聚合和组合的区别并非那么绝对，不同的角度，会有不同的理解，在使用的过程中只要符合大家的理解即可。如图 3-17 所表示，人体由心脏、大腿、胳膊组合。

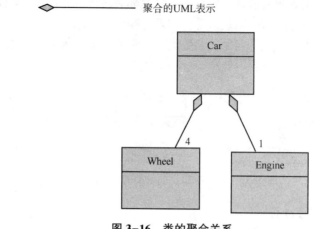

图 3-16　类的聚合关系

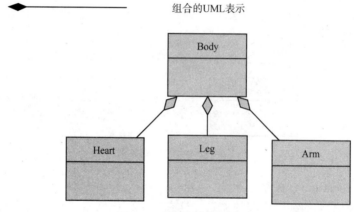

图 3-17　类的组合关系

3. 泛化（generalization）关系

在面向对象中泛化关系一般称为继承关系，存在于父类与子类、父接口与子接口之间，如图 3-18 所示。

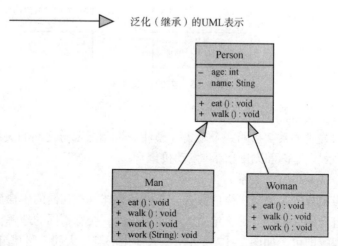

图 3-18　类的泛化关系

4. 实现（realization）关系

实现关系对应于类和接口之间的关系，如图 3-19 所示。

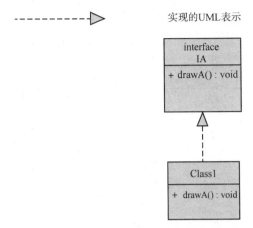

图 3-19 类和接口的实现关系

类的几种常见关系，由弱到强分别是，依赖 < 一般关联 < 聚合 < 组合。

类图与代码的映射如下。

泛化关系，在 Java 中通过关键字 extends 来表示。

实现关系，在 Java 中通过关键字 implements 来表示。

依赖关系，在 Java 中，表现为局部变量、方法中的参数和对静态方法的调用。

关联关系，在 Java 中，表现为被关联的类 B 以类属性的形式出现在类 A 中，也可能是关联类 A 引用了被关联类 B 的全局变量。聚合、组合是强的关联关系，在代码层面聚合与一般关联是一致的，只能从语义上来区分。

类图与代码映射示例如下：

```
public class People
{
    public void live(House house);    //依赖关系
}
//组合关系
public class Body
{
    private Heart heart;
    private Leg leg;
    private Arm arm;
}
class Heart{};
class Leg {};
class Arm {};
```

较复杂的类图是图形编辑器。图形编辑器一般都具有一些基本图形，如点、直线、正方形等，用户可以直接使用基本图形画图，也可以把基本图形组合在一起形成复杂图形。由于基本图形和组合图形既有相似之处，又有明显差异，因此需要使用组合模式来设计，其 UML 如图 3-20 所示。

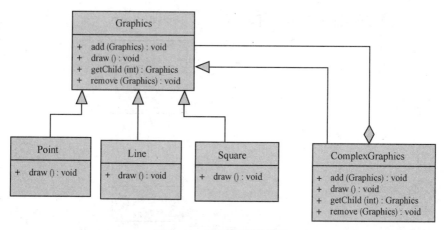

图 3-20　图形编辑器类图

Graphics：基本图形和复杂图形的父类，声明了所有图形共同的操作，如 draw() 以及用于管理子图形的操作，如 add()、remove()、getChild()。

Point、Line、Square：基本图形类。

ComplexGraphics：复杂图形类，与父类有组合关系，从而可以组合所有图形对象（包括基本图形和组合图形）。

3.8　面向对象设计原则

面向对象的设计原则，主要目的是提高软件的重用性、灵活性和扩展性，如表 3-3 所示。"高内聚、低耦合"是面向对象设计的核心目标。

表 3-3　面向对象设计原则

序号	设计原则名称	设计原则简介	重要性	类型
1	开闭原则	软件实体对扩展是开放的，但对修改是关闭的，即在不修改一个软件实体的基础上去扩展其功能	★★★★★	设计目标
2	依赖倒转原则	要针对抽象层编程，而不要针对具体类编程	★★★★★	设计方法
3	单一职责原则	类的职责要单一，不能将太多的职责放在一个类中	★★★★☆	设计方法
4	合成复用原则	在系统中应该尽量多使用组合和聚合关联关系，尽量少使用甚至不使用继承关系	★★★★☆	设计方法

续表

序号	设计原则名称	设计原则简介	重要性	类型
5	里氏替换原则	在软件系统中，一个可以接受父类对象的地方必然可以接受一个子类对象，即子类对象可以替换掉父类	★★★★☆	设计目标
6	接口隔离原则	应当为客户端提供尽可能小的单独的接口，而不是提供大的接口	★★☆☆☆	设计方法
7	迪米特法则	迪米特法则又叫最少知识原则，一个软件实体应当尽可能少地与其他实体发生相互作用	★★★☆☆	设计目标

3.8.1 开闭原则

一个软件实体应当对扩展开放，对修改关闭。也就是说，在设计一个模块的时候，应当使这个模块可以在不被修改的前提下被扩展，即实现在不修改源代码的情况下改变这个模块的行为。这似乎有些矛盾，但可以通过以下 3 种方法实现。

（1）可以把这些不变的部分抽象成不变的接口，这些不变的接口可以应对未来的扩展。

（2）接口的最小功能设计原则。根据这个原则，原有的接口可以应对未来的扩展；不足的部分可以通过定义新的接口来实现。

（3）模块之间的调用通过抽象接口进行，这样即使实现层发生变化，也无须修改调用方的代码。

软件系统的构建是一个需要不断重构的过程，在这个过程中，模块的功能抽象、模块与模块间的关系，都不会从一开始就非常清晰明了，所以构建完全满足开闭原则的软件系统是相当困难的，也是不必要的，这就是开闭原则的相对性。但在设计过程中，通过对模块功能的抽象（接口定义）、模块之间的关系的抽象（通过接口调用）、抽象与实现的分离（面向接口的程序设计）等，可以尽量接近满足开闭原则。

前面描述的图形编辑器，就是一个符合开闭原则的设计，可以不断扩展新的、具体的基本图形，而不影响原来的基本图形及复杂图形。开闭原则示例如图 3-21 所示。

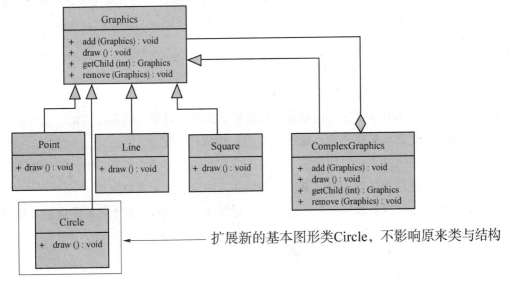

图 3-21 开闭原则示例

3.8.2 依赖倒转原则

依赖倒转(Dependence Inversion Principle,DIP)原则指高层模块不应该依赖低层模块,它们都应该依赖抽象层。抽象不应该依赖于细节,细节应该依赖于抽象。另一种表达是,要针对接口编程,不要针对实现编程。依赖倒转原则示例如图3-22所示。

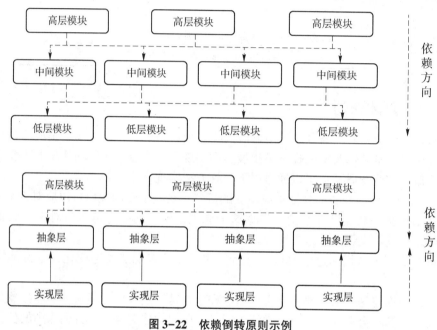

图3-22 依赖倒转原则示例

在一个应用程序中,有一些低层次的类实现了一些基本的或初级的操作,称为低层模块;有一些高层次的类封装了系统的商务逻辑和宏观的、战略性的决策,称为高层模块。传统的面向过程设计,容易出现高层模块向下依赖低层模块的情况。一旦低层模块需要替换或者修改,高层模块将受到影响,同时高层模块也很难可以重用。为了解决上述问题,Robert C. Martin 提出了 DIP 原则,给出了一个解决方案,即在高层模块与低层模块之间,引入一个抽象接口层。格式如下:

高层模块→抽象接口层→低层模块。

接口是对低层模块的抽象,低层模块继承或实现该抽象接口。

这样,高层模块不直接依赖低层模块,而是依赖抽象接口层;抽象接口也不依赖低层模块的实现细节,而是低层模块依赖(继承或实现)抽象接口层。

类与类之间都通过抽象接口层来建立关系,也有些情况不适宜使用 DIP。有些类不可能变化,在可以直接使用具体类的情况下,不需要插入抽象层,如字符串类。

使用抽象继承也可以有效地避免传递依赖,如图3-23所示,通过引入接口层与继承避免传递依赖。

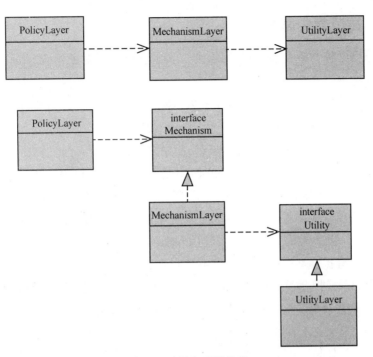

图 3-23 避免传递依赖

3.8.3 单一职责原则

一个对象应该只包含单一的职责，并且该职责被完整地封装在一个类中。类的单一职责，并不意味只有一种方法，类的职责应该是具有单一内聚性的职责，一个类不能被分配太多不相关的属性与方法。图 3-24 中，Driver 虽然有开车 runCar( )、刹车 brake( ) 方法，但并不意味 Driver 负责具体的开车、刹车功能，具体的开车、刹车功能应由 Car 负责，Driver 只是调用 Car 的开车、刹车功能，Driver 类应负责自助加油功能，而 Driver 不应该有 repair( ) 方法，而应该由 Repairman 类负责，重构后表示如图 3-24 所示。

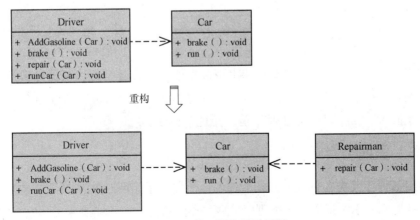

图 3-24 单一职责原则示例

3.8.4 合成复用原则

合成复用原则又称为组合/聚合复用原则，表示尽量使用对象组合，而不是继承来达到复用的目的。

在面向对象设计中，有两种基本的办法可以实现复用：第一种是通过组合/聚合，第二种就是通过继承。

只有当以下的条件全部被满足时，才应当使用继承关系。

（1）派生类是基类的一个特殊种类，而不是基类的一个角色，也就是区分 has-a 和 is-a。只有 is-a 关系才符合继承关系，has-a 关系应当用聚合来描述。

（2）永远不会出现需要将派生类换成另外一个类的派生类的情况。如果不能肯定将来是否会变成另外一个派生类的话，就不要使用继承关系。

（3）派生类具有扩展基类的责任，而不是具有置换掉或注销掉基类的责任。如果一个派生类需要大量的置换掉基类的行为，那么这个类就不应该是这个基类的派生类。

（4）只有在分类学角度上有意义时，才可以使用继承关系。

总的来说，如果语义上存在着明确的 is-a 关系，并且这种关系是稳定的、不变的，则考虑使用继承关系；如果没有 is-a 关系，或者这种关系是可变的，则使用组合。另外，当只有两个类满足里氏替换原则时，才可能是 is-a 关系。也就是说，如果两个类是 has-a 关系，但是设计成了继承关系，那么肯定违反了里氏替换原则。

合成复用原则可以使系统更加灵活，类与类之间的耦合度降低，一个类的变化对其他类造成的影响相对较少，因此一般首选使用合成复用原则来实现复用，其次才考虑继承关系，在使用继承关系时，需要严格遵循里氏替换原则。有效使用继承关系会有助于对问题的理解，降低复杂度，而滥用继承关系反而会增加系统构建和维护的难度以及系统的复杂度，因此需要慎重使用继承关系。

错误地使用继承关系而不是合成复用原则的一个常见原因是错误地把 has-a 当成了 is-a。is-a 代表一个类是另外一个类的一种；has-a 代表一个类是另外一个类的一个角色，而不是另外一个类的特殊种类，如图 3-25 所示。

如果设计"人员"是一个类，"营业员""经理""会计师"是"人员"的子类。当有"会计师经理"这样的人员出现时，只能让"会计师经理"同时继承"经理""会计师"，如果又出现多重角色的人员，则又会继续出现多重继承的设计情况，从而导致设计不灵活，也不宜于扩展。一种良好的设计是设计一个抽象类"角色"，"人员"可以拥有多个"角色"（聚合），"营业员""经理""会计师"是"角色"的子类。

3.8.5 里氏替换原则

所有引用基类（父类）的地方必须能透明地使用其子类的对象。

里式替换原则的引申意义：子类可以扩展父类的功能，但不能改变父类原有的功能。

具体来说有以下 4 点。

（1）子类可以实现父类的抽象方法，但不能覆盖父类的非抽象方法。

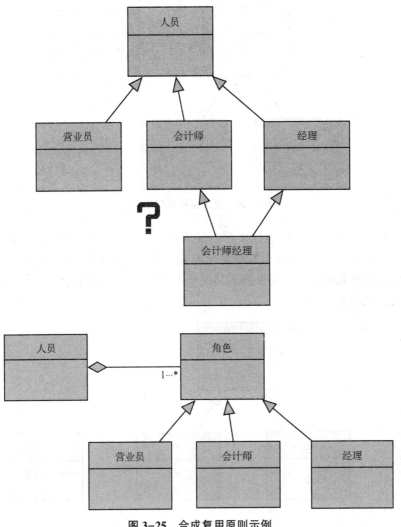

图 3-25 合成复用原则示例

（2）子类中可以增加自己特有的方法。

（3）当子类的方法重载父类的方法时，方法的前置条件（即方法的输入/形参）要比父类方法的输入参数更宽松。

（4）当子类的方法实现父类的方法时，重载/重写或实现抽象方法的后置条件（即方法的输出/返回值）要比父类的更严格或相等。

里氏替换原则告诉我们，在软件中将一个父类对象替换成它的子类对象，程序将不会产生任何错误和异常；反过来则不成立。如果一个软件实体使用的是一个子类对象的话，那么它不一定能够使用父类对象。

《墨子·小取》中说，"白马，马也；乘白马，乘马也。骊马，马也；乘骊马，乘马也。"骊马，即黑马。墨子这里说的白马、骊马均是马的一种，人可以骑马，那么白马、骊马均可骑。由此可类推，若还有另一种马，如棕马，则人也必可骑之，如图 3-26 所示。

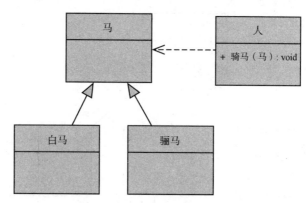

图 3-26　里氏替换原则示例 1

墨子同时也指出文中的描述反过来并不成立。《墨子·小取》中说，"其弟，美人也，爱弟，非爱美人也。"弟便是妹妹，妹妹是个美人，但哥哥喜爱妹妹，并不代表哥哥喜爱美人，这是因为他们的兄妹关系。如果换了其他美人类的实例，则哥哥这个"喜爱()"方法一般不能接受，如图 3-27 所示。

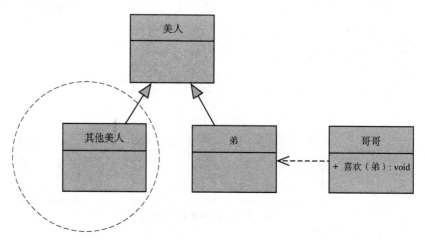

图 3-27　里氏替换原则示例 2

如果两个具体的类 A、类 B 之间的关系违反了里氏替换原则的设计（假设是从类 B 到类 A 的继承关系），那么根据具体的情况可以在下面的两种重构方案中选择一种，如图 3-28 所示。

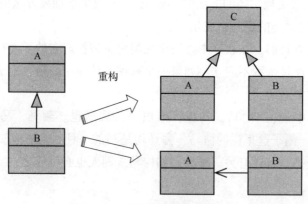

图 3-28　里氏替换原则重构示例

（1）创建一个新的抽象类 C，作为两个具体类的基类，将类 A、类 B 的共同行为移动到类 C 中来解决问题。

（2）从类 B 到类 A 的继承关系改为关联关系。

3.8.6 接口隔离原则

客户端不应该依赖那些它不需要的接口。该原则的另一种表达是一旦一个接口太大，则需要将它分割成一些更细小的接口，使用该接口的客户端仅需知道与之相关的方法即可。接口隔离原则应该注意以下 3 点。

（1）接口隔离原则从对接口的使用上来对接口抽象的颗粒度建立了基准，即在为系统设计接口的时候，使用多个专门的接口代替单一的接口。

（2）符合高内聚低耦合的设计思想，从而使类具有很好的可读性、可扩展性和可维护性。

（3）注意适度原则，接口分隔要适度，避免产生大量的细小接口。

3.8.7 迪米特法则

迪米特法则又称最少知识原则。它还有多种表达方式，其中 3 种典型表达如下。

（1）不要和"陌生人"说话。英文定义为 Don't talk to strangers。

（2）只与你的直接朋友通信。英文定义为 Talk only to your immediate friends。

（3）每一个软件单位对其他的单位都只有最少的知识，而且局限于那些与本单位密切相关的软件单位。英文定义为 Each unit should have only limited knowledge about other units: only units "closely" related to the current unit。

为了识别"陌生人"，需要对朋友圈进行确定，以下的 5 个条件可以帮助确定"朋友"。

（1）当前对象本身（this）。

（2）以参量形式传入到当前对象方法中的对象。

（3）当前对象的实例变量直接引用的对象。

（4）当前对象的实例变量如果是一个聚集，那么聚集中的元素也都是"朋友"。

（5）当前对象所创建的对象。

任何一个对象，如果满足上面的条件之一，就是当前对象的"朋友"，否则就是"陌生人"。迪米特法则不希望类直接建立直接的接触。如果真的有需要建立联系，也希望能通过它的友元类（"朋友"）来转达，如图 3-29 所示。

迪米特法则要求设计类时权限收缩一些，尽量不要对外公布非必要的 public( )方法和非静态的 public 变量，尽量多使用 private、protected 等访问权限。因为一个类公开的 public 属性或方法越多，修改时涉及的面也就越大，变更引起的风险扩散也就越大。

狭义的迪米特法则会带来一些明显缺点，如下所示。

（1）系统中存在大量的中介类，这些类之所以存在完全是为了传递类之间的相互调用关系，而与商务逻辑无关，容易造成迷惑和困扰。

（2）由于每个类都不会和远距离的类直接关联，会造成系统不同模块之间的通信效率降低。

为了克服狭义的迪米特法则的缺点，可以使用依赖倒转原则，引入一个抽象的类型"抽象陌生人"，使"某人"依赖于"抽象陌生人"，即把"抽象陌生人"变成"朋友"，如图 3-30 所示。

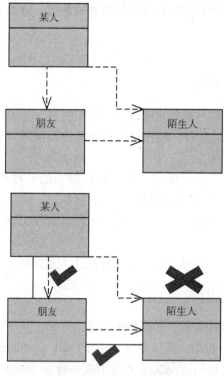

图 3-29　迪米特法则示例

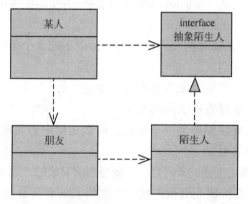

图 3-30　引入依赖倒转原则克服狭义迪米特法则示例

3.9　面向对象的哲学思考

科学是哲学的源泉，哲学是科学的高度抽象和概括。下面介绍一些关于面向对象的哲学思考，供读者参考。

维特根斯坦是 20 世纪非常有影响力的哲学家之一，其研究领域主要在数学哲学、精神哲学和语言哲学等方面，曾经师从英国著名作家、哲学家罗素。他于 1922 年出版了《逻辑哲学论》，在该书中，他阐述了一种世界观。这种观点，经过几十年的发展，终于由一种哲学思想沉淀到技术的层面上来，这就是面向对象。《逻辑哲学论》中提出了如下思想：（1）世界可以分解为事实；（2）事实是由原子事实组成的；（3）原子事实就是各对象（事、物）的结合；（4）对象是简单的（基本的）；（5）对象形成了世界的基础，即世界→事实→原子事实→对象这样一个从整体到局部、从抽象到具体的认识链。在这个层次中，对象作为最基本的模块，构成了认识整个大厦的基石。对象通过相互之间的复杂的关联构成了整个世界，这个观点也是面向对象理论的基石。

从哲学的角度看，面向对象技术比较真实地模拟了客观事物的固有结构和层次关系，符合人类认识事物的一般规律。首先，从人们认知事物的思维机制来看，面向对象技术融抽象思维与形象思维于一身，即达到了对象抽象，使人的心智思维过程比较真实地对象化在计算机的程序设计和语言之中。人的认识过程本来就是从特殊到一般，又从一般到特殊的不断反复的过程，是归纳过程和演绎过程的交互统一。面向对象技术提供了"对象""类""继承""封装""多态"等机制，综合利用了从特殊到一般和从一般到特殊的思维方法，使抽象思维的逻辑方法始终贯穿和实现于"对象"的设计与实现之中。与此同时，作为结果，"对象"又是具体的，是内实现与外界面、隐结构与显功能的统一体。这正是面向对象技术优越于其他设计的根本区别所在。

其次，由于面向对象技术是以"对象"为目标的，它一改传统的以"过程"为中心的设计方法，对软件的稳定性、可靠性和重用性有了较大提高。面向过程技术以"过程"作为解决问题的突破口，即以"过程"为中心；而面向对象技术是直接面向"对象"的，是以"对象"作为解决问题的基石和突破口的，即以"对象"为中心。从哲学的角度看，与"对象"相比较，"过程"是不稳定的、多变的和易逝的，而"对象"则相对要稳定、可靠得多。

从哲学的角度看，面向对象技术给我们的启示是多方面和深刻的。面向对象技术的发展深化了主、客体之间的关系，丰富和发展了辩证唯物主义的认识论。软件作为人类认识事物的方法和工具，无疑是人和自然之间、主体和客体之间的中介。一方面，它是自然事物即客体的模拟物，是客观事物及过程在一定程度上的形式化和对象化；另一方面，它又是主体认识方法和思维过程的形式化，是主体思维过程在一定程度上的对象化。人们借助它认识事物、建构客体的过程，既是客观事物及其过程不断形式化的过程（其目的是与人的思维形式和机制相对接）；也是人的认识方法不断客观化的过程（其目的是与事物的客观内容相一致）。换句话说，就是客体通过形式化进入主体和主体通过对象化深入客体的两个过程的交互统一。面向对象技术由于较好地克服了软件危机，提高了软件系统的功能，所以加速了人们认识事物的进程，深化了主、客体之间的关系。面向对象技术向我们表明，深化主、客体之间的关系，提高主体的认识能力，其唯一正确的途径就是不断加速实现软件的自然化和系统化。这就是面向对象技术带给我们的启示，是客体走进主体、主体长入客体的方法论结论，也是一条重要的认识论结论。

软件开发的主要目的就是描述和反映现实世界，而现实世界就是由大大小小的对象构成的。大到宇宙，小到原子，对象层层包裹物质世界。人类社会的组成也是这样，从作为个体的人，到集体，再到整个社会，都可以用"对象"加以描述。因此，抽象的过程应该是以现实世界的对象为中心的，而面向对象的抽象方法正是以现实世界的对象为中心来进行抽象的，因此它更符合世界的本来面貌，从而大大降低了把现实世界映射到计算机世界的难度。

3.10 本章小结

本章解释了面向对象与面向过程的区别，介绍了面向对象的 3 个主要特征，详细解释了类的定义、创建与使用，介绍了匿名对象、内部类、final、instanceof、this 关键字、抽象类与接口，初步介绍了统一建模语言（UML），给出面向对象设计的一些原则与建议，介绍了面向对象的一些哲学思考。通过本章的学习，可以基本掌握使用 Java 进行面向对象程序设计。

习 题

1. 请简述面向对象与面向过程的区别。
2. 继承和组合有哪些异同？
3. 抽象类与接口有什么区别？
4. 试用 UML 描述 "中国共产党是中国工人阶级的先锋队、代表中国最广大人民的根本利益"。
5. "生、旦、净、丑" 是京剧的 4 个行当，所有的角色都属于一个行当，行当使京剧里的角色进一步抽象。如果用类来描述角色，接口来描述行当，试用 UML 对《武松打虎》中武松的行当——武生进行描述。
6. 面向对象有哪些设计原则？
7. 自然辩证法中的一些普遍原理如何应用到面向对象设计中？

第 4 章

包与常用类

/ **本章目标** /

- 掌握包的使用。
- 掌握异常类的运用。
- 掌握常用系统类的使用。
- 掌握连接与操作数据库的原理与方法。

本章思维导图

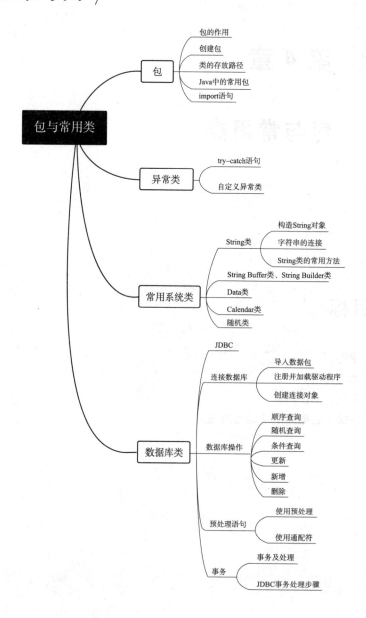

4.1 包

有时，不同 Java 源文件中可能出现名字相同的类。一般地，同一个文件夹下不能有同名的类。例如，小李写了一个 Person 类，小王也写了一个 Person 类，现在，若既想用小李的 Person 类，也想使用小王的 Person 类，怎么办呢？或者小陈写了一个 Arrays 类，而系统类库也自带了一个 Arrays 类，如何解决类似的命名冲突呢？如果想区分这些类，就需要使用包名。在 Java 中，提供了包机制来解决命名冲突。

第4章 包与常用类

Java 中包的概念类似于操作系统中的文件夹，包机制可以很方便地组织和管理类。Java 中的包，可以定义为一组相互联系的类型（类、接口等）的命名空间。

4.1.1 包的作用

Java 中包的作用有以下 3 个。
（1）把功能相似或相关的类或接口组织在同一个包中，方便管理和使用。
（2）包采用树形目录的存储方式。同一个包中的类名是不同的，不同包中的类名可以相同，当同时调用两个不同包中相同类名的类时，应加上包名予以区别。
（3）包限定了访问权限，拥有包访问权限的类才能访问某个包中的类。

4.1.2 创建包

通过包声明语句创建包，该语句必须放在源文件的第一行，每个源文件只能有一个包声明语句，包声明语句的语法格式如下：

```
package 包名;
```

包名可以是一个合法的标识符，也可以是若干个标识符，加 . 分隔而成，示例如下：

```
package 例1; //定义一个叫例1的包名
packge moon.rise;  //定义两层次的包结构,包名是 moon.rise
```

注：如果一个源文件中没有使用包声明语句，那么其中的类、接口等被默认放在无名包中，即这些类的源文件和字节码存放在相同目录中，属于同一个包，但没有包名。

4.1.3 类的存放路径

一个类总是属于某个包，类名（如 Person）只是一个简写，真正的完整类名是包名. 类名，代码如下：

```
小李的 Person 类存放在包 li 下面,因此,完整类名是 li.Person;
小王的 Person 类存放在包 wang 下面,因此,完整类名是 wang.Person;
```

在定义类的时候，需要在第一行声明这个类属于哪个包，代码如下：

```
//小李的 Person.java 文件
package li;    // 声明包名 li
public class Person
{
    …
}
//小王的 Person.java 文件
package wang;    // 声明包名 wang
public class Person
{
    …
}
```

JVM 执行的时候，只看完整类名。因此，只要包名不同，类就不同。包可以是多层结构，用 . 隔开，如 java.util。如果没有定义包名的类，那么它使用的是默认包，非常容易引起名字冲突，建议使用包来管理类。

如果一个类有包名，那么存放位置就不能随意，否则 Java 虚拟机将无法找到并加载它。一般我们需要按照包结构把上面的 Java 文件组织起来。假设以 nnnu 作为工程文件目录，src 作为源码目录，那么所有源文件结构如图 4-1（a）所示。

所有 Java 源文件对应的目录层次要和包的层次一致。编译后的 .class 文件也需要按照包结构存放。如果使用集成开发环境（IDE），把编译后的 .class 文件放到 bin（Eclipse）目录下，那么，编译后的文件结构就如图 4-1（b）所示。在 Eclipse 的 IDE 中，会自动根据包结构编译所有的 Java 源码。

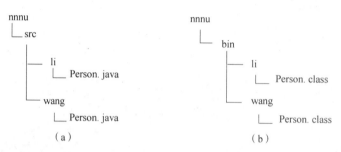

图 4-1　包、类与文件存放位置的对应关系
（a）编译前；（b）编译后

4.1.4　Java 中的常用包

Java 提供了大约 130 个系统包，以下是 Java 中的一些常用的系统包。

java.lang：包含所有的基本语言类。
java.swing：包含抽象窗口，工具集中的图形、文本、窗口 GUI 类。
java.io：包含所有的输入/输出类。
java.util：包含实用类。
java.sql：包含操作数据库的类。
java.net：包含所有实现网络功能的类。

4.1.5　import 语句

当一个类需要使用另一个类声明的对象，作为自己的成员或方法中的局部变量时，如果这两个类在同一个包中，则可以直接使用。例如，前面章节例子中涉及的类都是无名包，只要存放在相同的目录中，它们就是在同一个包中。但是如果一个类想要使用的类和它不在一个包中，那么怎样才能够使用这样的类呢？这时就需要 import 语句，import 语句就是为了解决这个问题而存在的。

在学习 Java 时，为了避免一切从头做起，即是指在编写源文件时，除了自己编写的类和接口，可以直接使用 Java 提供的或用户编写的类或接口。系统类和用户类一般都不在一个包里。这时，需要使用 import 语句导入外部的包才能使用。import 语句可以导入系统包和用户自定义的包。

一个 Java 源程序中可以有多个 import 语句，它们需要写在 package 语句（若有该语句的话）和源文件中类的定义之间。如果要引入一个包中的全部类，则可以使用通配符（*）来代替，代码如下：

```
import java.util.*;         //导入 java.util 包中的所有的类
import java.util.Scanner;   //导入 java.util 包中的 Scanner 类
```

注：

（1）java.lang 包是 Java 语言的核心类库，它包含了运行 Java 程序必不可少的系统类，系统会为程序自动导入 java.lang 包中的类（如 System 类等），因此，不需要再使用 import 语句导入。

（2）如果使用 import 语句导入了整个包中的类，则可能会增加编译时间，但不会影响系统运行的性能。因为当程序运行时，只是将程序真正使用的类的字节码文件加载到内存。

（3）如果没用 import 语句导入包中的类，那么也可以使用带包名的类，但是不建议这样做。

例 4-1 自定义包的使用与导入包的使用。

代码如下：

```
package li;
public class Person
{
    int No;
    public Person(int n)
    {
        No=n;
    }
    public void hello()
    {
        System.out.println("我是大学生,我的学号:"+No);
    }
}
package nnnu;
import li.Person;
public class Example4_1
    {
    public static void main(String args[])
        {
```

```java
        Person p=new Person(10101);
        p.hello();
        System.out.println("主类的包名是 nnnu");
    }
}
```

例 4-2 使用包和 import 语句导入类,计算矩形面积。

代码如下:

```java
package rect;
public class Rect
{
    public    double A,B;
    public double getArea()
    {
        double area=A*B;
        return area;
    }
    public void setSides(double a,double b)
    {
        A=a;
        B=b;
    }
}
```

Example4_2.java 中的主类包名是 mypackage,使用 import 语句引入 rect 包的 Rect 类,以便创建矩形,并计算矩形面积,代码如下:

```java
package mypackage;
import rect.*;
public class Example4_2
{
    public static void main(String args[])
    {
        Rect  r1= new Rect();
        r1.setSides(30,40);
        System.out.println("矩形面积="+r1.getArea());
    }
}
```

4.2 异常类

尽管人人都希望自己身体健康,处理的事情都能顺利进行,但在实际生活中总会遇到各种意外状况。在程序运行过程中,也会发生各种意外状况,如磁盘空间不足、网络连接中断、被装载的类不存在等。所谓异常就是指在程序运行时，发生了不被期望的事件，它阻止了程序按照预期正常执行。当异常发生时，是任程序自生自灭，立刻退出终止；还是输出错误给用户呢？Java 对此提供了异常处理机制来解决。

Java 以异常类对这些非正常情况进行封装，通过异常处理机制对程序运行时发生的各种问题进行处理。异常处理机制能让程序在异常发生时，按照代码预先设定的异常处理逻辑，有针对性地处理异常，使程序尽最大可能恢复正常，并继续执行。

Java 中的异常可以是方法中的语句执行时引发的，也可以是程序员通过 throw 语句手动抛出的。只要在 Java 程序中产生了异常，就会用一个对应类型的异常对象来封装异常，JRE 就会试图寻找异常处理程序来处理异常。

Throwable 类是 Java 异常类的顶层父类，Throwable 类的直接或者间接的实例，就是异常对象。JDK 中内建了一些常用的异常类，用户也可以自定义异常类。Throwable 类的继承体系如图 4-2 所示。

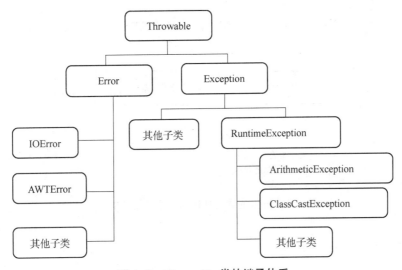

图 4-2 Throwable 类的继承体系

其中，Error 类（错误类）表示运行时产生的系统内部错误或资源耗尽的错误，其比较严重，仅靠修改程序本身是难以恢复执行的。例如，使用 Java 命令运行一个不存在的类就会出现 Error 错误。Error 类以及其子类的实例代表了 JVM 本身的错误，其错误不能被程序员通过修改代码处理。

Exception 类（异常类）表示程序可以处理的错误，开发 Java 程序的异常处理，主要针对 Exception 类及其子类。

RuntimeException 类及其子类表示运行异常。除此之外，Exception 类下所有其他子类都表示编译异常。

Java 使用关键字 throw 抛出一个 Exception 子类的实例表示异常发生。例如，java.lang 包中的 Integer 类调用方法 public static int parseInt（String s）可以将数字格式的字符串如"896"转化为 int 型数据。将字符串"e3f4"转换成数字的代码如下：

```
int num=Integer.parseInt("e3f4");
```

parseInt( )方法在执行过程中就会抛出 NumberFormatException 对象。一般地，异常的处理思路如图 4-3 所示。

图 4-3　异常处理思路

Java 的异常处理是通过 5 个关键字来实现的，这 5 个关键字为 try、catch、finally、throw 和 throws，它们的关系如图 4-4 所示。

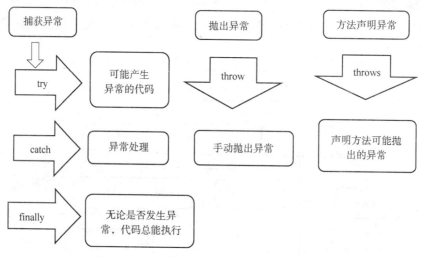

图 4-4　Java 的异常处理的 5 个关键字的关系

4.2.1　try-catch 语句

Java 使用 try-catch 语句来捕获异常，将可能出现异常的操作放在 try-catch 语句的 try 部分，将发生异常后的处理放在 catch 部分。程序执行的时候，try 部分抛出异常对象，或调用某个可能抛出异常对象的方法且该方法抛出异常对象，那么 try 部分将立刻结束执行，从而转向相应的 catch 部分。try-catch 语句可以由几个 catch 组成，分别处理发生的相应异常。try-catch 语句的格式如下：

```
try
{
//监控可能发生异常的代码块
}
catch(ExceptionSubClass1 e)
{
    //Exception e 的异常处理部分,可以有若干个 catch 分支
}
finally
{
    // 在 try 部分结束前要执行的代码块
}
```

各个 catch 参数中的异常类都是 Exception 的某个子类，表明 try 部分可能发生的异常，这些子类之间不能有父子关系，否则保留一个含有父类参数的 catch 即可。其中 finally 部分是可选的，该部分不管是否异常都必须要执行。

例 4-3 try-catch 语句的使用。

代码如下：

```java
public class Example4_3
{
    public static void main(String args[ ])
    {
        int x=2,y=0,z=0;
        try   x=Integer. parseInt("84");
        {
            y=Integer. parseInt("8f9");        //发生异常,转向 catch 部分
            z=45;          //z 没有机会执行
        }
        catch(NumberFormatException e)
        {
            System. out. println("发生异常:"+e. getMessage());
        }
        System. out. println("x="+x+",y="+y+",z="+z);
    }
}
```

4.2.2 自定义异常类

在编写程序时也可以扩展 Exception 类，定义自己的异常类，然后根据程序需要来规定哪些方法产生自定义的异常。一般地，方法在声明时可以使用 throws 关键字声明要产生的若干异常，并在该方法体中具体给出产生异常的操作，即使用 throw 关键字抛出该异常对象，导致该方法结束执行。在程序调用该方法时，可以通过 try-catch 语句捕获并处理 throw 关键字抛出的异常对象。

例 4-4 自定义异常类。

代码如下：

```java
class MyException extends Exception    //自定义异常类 MyException
{
    String mess;
    public MyException(int a,int b)
    {
        mess="收入"+a+"是负数或支出"+b+"是正数,不符合要求。";
    }
    public String warning()
    {
        return mess;
    }
}
```

```java
public class Compute//自定义类的方法 balance()抛出自定义异常类 MyException
{
    int sum;
    public void balance(int in,int out) throws MyException
    {
        if(in<=0 || out>=0 || in+out<=0)
        {
            throw new MyException(in,out);        //方法抛出异常,导致方法结束
        }
        int rest=in+out;
        System. out. printf("纯利润是:%d 元\n",rest);
        sum+=rest;
    }
    public int getsum()
    {
        return sum;
    }
}
public class Example4_4
{
    public static void main(String args[])
    {
        Compute cp=new Compute();
        try    cp. balance(250,-100);
        {
            cp. balance(370,-50);
            System. out. printf("目前有%d 元\n",cp. getsum());
            cp. balance(320,160);
        }
        catch(MyException e)
        {
            System. out. println("计算中出现如下问题:");
            System. out. println(e. warning());
        }
        finally
        {
            System. out. printf("最后有%d 元\n",cp. getsum());
        }
    }
}
```

4.3 常用系统类

在编写源文件时,除了自己编写的以外,很多功能系统提供的类库中已经有现成的系统类了。这些类,一般和用户自己定义的类不在一个包中,如果用户需要类库中的类,就必须使用 import 语句导入。本节将介绍几种常用的系统类库中的类。

4.3.1 String 类

由于在程序设计中经常涉及处理和字符序列有关的算法,为此 Java 专门提供了用来处理字符序列的 String 类。String 类在 Java.lang 包中,由于 Java.lang 包中的类被默认导入,因此程序可以直接使用此 String 类。

注:
Java 把 String 类定义为 final 类,因此用户不能扩展 String 类,即 String 类不可以有子类。

1. 构造 String 对象

String 对象,一般也称为字符串对象。

(1) 常量对象。

String 常量也是对象,是用双引号括起来的字符序列,如,"hello""6.34""girl"等。Java 把用户程序中的 String 常量放入常量池,在程序运行期间不可以改变常量池中的数据。因为 String 常量是对象,所以也有自己的引用和实体。例如,String 常量对象和"hello"的引用是 45CD,实体里的字符序列是"hello",如图 4-5 所示。

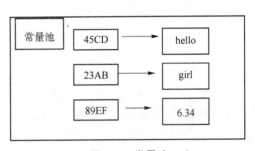

图 4-5 常量池

(2) String 对象。

可以使用 String 类声明对象并创建对象,代码如下:

```
String  s = new String("I am a student");
String  t = new String("I am a student");
```

对象变量 s 中存放着引用,表明自己实体的位置,即 new 运算符首先分配内存空间,并在内存空间中放入字符序列,然后计算出引用,将引用赋值给字符串对象 t。String 对象 s 的内存模型如图 4-6 所示(new 运算符构造出的对象都不在常量池中)。尽管 s 和 t 的实体相同,都是字符序列 I am a student,但两者的引用是不同的,即表达式 s==t 的值为 false。

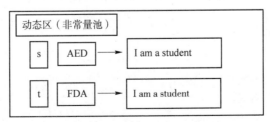

图 4-6 创建字符串对象

此外，用户无法输出 String 对象的引用，例如，System.out.println(s) 输出的是对象实体，即 I am a student，也可以用一个已创建的 String 对象创建另一个 String 对象。如 String ada=new String(s)。

（3）引用 String 常量。

String 常量是对象，因而，可以把 String 常量引用赋值给一个 String 对象，代码如下：

```
String s1,s2;
s1 = "hello";
s2 = "hello";
```

这样 s1 和 s2 具有相同的引用，表达式 s1==s2 的值为 true，因而具有相同的实体；String 常量赋值给 String 对象如图 4-7 所示。

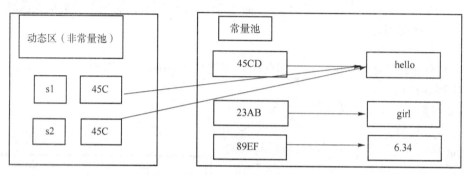

图 4-7 String 常量赋值给 String 对象

因为用户程序无法知道常量池中 "hello" 的引用，则当把 String 常量的引用赋值给一个 String 对象 s1 时，Java 让用户直接写常量的实体内容来完成这一任务，但实际上复制到 String 对象 s1 中的是 String 常量 "hello" 的引用（见图 4-7）。s1 是用户声明的 String 对象，s1 中的值是可以改变的，如果再进行 s1="6.34" 运算，则 s1 中的值将发生变化。

2. 字符串的连接

String 对象可以用加号进行连接运算，即首尾相接得到一个新的 String 对象，代码如下：

```
String  you="How";
String  hi="are you";
String  test=you+hi;    //test 的实体中的字符序列是"How are you"
```

注：

参与连接运算的是 String 对象，只要有一个是变量，那么 Java 就会在动态区存放所得到的 String 对象的实体和引用，you+hi 相当于 new String（"How are you"）；如果是两个常量进行并置运算，那么得到的仍然是常量，如果常量池没有这个常量，就放入常量池。

3. String 类的常用方法

（1） public int length()方法。

String 类中的 length()方法用来获取一个 String 对象的字符序列的长度，代码如下：

```
String stu="我们是大二学生";
int n1,n2;
n1=stu.length();
n2="火箭 fly".length();    //n1 的值是 7,n2 的值是 5
```

(2) public boolean equals(String s)方法。

一般地,程序更关心两个 String 对象的内容,而不是两者的引用是否相同。判断两个 String 对象的内容,即字符序列是否相同使用 equals( )方法。

String 对象调用 equals(String s)方法来比较当前 String 对象的字符序列是否与参数 s 指定的 String 对象的字符序列相同,示例如下。

例 4-5   equals( )方法的使用。

代码如下:

```
public class Example4_5
{
    public static void main(String args[])
    {
        String t1,t2;
        t1=new String("知行合一");
        t2=new String("知行合一");
        System.out.println(t1.equals(t2));        //输出结果为 true
        System.out.println(t1==t2);               //输出结果为 false
        String t3,t4;
        t3="we are happy";
        t4=new String("we are happy");
        System.out.println(t3.equals(t4));        //输出结果为 true
        System.out.println(t3==t4);               //输出结果为 false
        String t5,t6;
        t5="匹夫之勇";
        t6="匹夫之勇";
        System.out.println(t5.equals(t6));        //输出结果为 true
        System.out.println(t5==t6);               //输出结果为 true
    }
}
```

(3) public int compareTo(String s)方法。

String 对象调用 compareTo(String s)方法,按字典顺序与参数指定的 String 对象 s 的字符序列比较大小,如果当前 String 对象的字符序列与 s 的相同,则该方法返回正值;如果小于 s 的字符序列,则该方法返回负值。例如,字符 a~z 在 Unicode 表中的排序位置是按字母顺序对应排列的,字符 a 是 97,字符 b 是 98,以此类推,那么,对于 String str="apple"; str.compareTo("orange")小于 0,str.compareTo("apabc")大于 0,str.compareTo("apple")等于 0。

(4) public String substring(int startpoint)与 public String substring(int start,int end)方法。

String 对象调用 substring(int startpoint)方法获得一个新的 String 对象,该新的 String 对象的字符序列是复制当前 String 对象的字符序列中 startpoint 位置至最后位置上的字符所得到的字符序列。

String 对象调用 substring(int start,int end)方法获得一个新的 String 对象,该新的 String 对象的字符序列是复制当前 String 对象的字符序列中 start 位置至 end-1 位置上的字符所得到的字符序列,代码如下:

```
String t1="我热爱踢足球";
String str=t1.substring(1,3);
```

那么 String 对象 str 的字符序列结果是"热爱"。
(5) public String trim( ) 方法。
当 String 对象调用 trim( ) 方法得到一个新的 String 对象时,这个新的 String 对象的字符序列是当前 String 对象的字符序列去掉前后空格后的字符序列,代码如下:

```
String t1="  我喜欢乒乓球   ";    //t1 前后有若干空格
String str=t1.trim();
```

那么 String 对象 str 的字符序列是"我喜欢乒乓球"(去掉了前后的空格)。
String 类还有很多其他方法,读者可查阅 Java API 帮助手册了解。

4.3.2 StringBuffer 类、StringBuilder 类

当需要对字符串进行修改的时候,应使用 StringBuffer 和 StringBuilder 类。与 String 类不同的是,StringBuffer 和 StringBuilder 类的对象能够被多次地修改,并且不产生新的未使用对象。在使用 StringBuffer 类时,每次都会对 StringBuffer 对象本身进行操作,而不是生成新的对象,所以如果需要对字符串进行修改推荐使用 StringBuffer 类。StringBuilder 类在 Java 5.0 版本中被提出,它和 StringBuffer 类之间最大的不同在于 StringBuilder 5.0 类的方法不是线程安全的(不能同步访问)。由于 StringBuilder 类相较于 StringBuffer 5.0 类有速度优势,所以多数情况下建议使用 StringBuilder 类。

例 4-6 StringBuilder 类的常用方法。
代码如下:

```
public class Example4_6
{
    public static void main(String[] args)
    {
        StringBuilder sb = new StringBuilder("hello");
        //字符串的容量和长度
        System.out.println("容量是:"+sb.capacity());      //16+5=21
        System.out.println("长度是:"+sb.length());        //5
        StringBuilder insert(int offset,String str)
        //将 str 插入当前字符串中 offset 指向的位置
        System.out.println("插入后新字符串:"+sb.insert(3,"yes"));
        StringBuilder append(String str)
        //将 str 插入当前字符串的末尾位置
        System.out.println("插入末尾后的新字符串:"+sb.append("world"));
        StringBuilder delete(int start , int end)
        // 将当前字符串中从 start(包含)开始到 end(不包含)之间的内容移除
        System.out.println("删除后的新字符串:"+sb.delete(2, 4));
        StringBuilder replace(int start , int end , String str)
        // 将当前字符串中 start 到 end 之间的内容全部用 str 的内容替换
        System.out.println("替换后的新字符串:"+sb.replace(2, 4, "XXOO"));
        StringBuilder reverse( )
        //实现字符串的反转
        System.out.println("反转后的新字符串:"+sb.reverse());
        StringBuilder substring( )
```

```
System.out.println("下标 2 的新字符:"+sb.substring(2));
StringBuilder indexOf( )
//从指定的索引处开始,返回首次出现的指定子字符串在该字符串中的索引
System.out.println("从下标 2 开始查找的字符"l"出现的位置:"+sb.indexOf("l",2));
}
```

4.3.3 Date 类

程序设计中可能需要日期、时间等数据,Java 可以通过 Date 类用于处理和日期、时间相关的数据。该类所在的包是 java.util,需要导入该包才能使用。Date 类对象的创建有以下两种方法。

1. 无参数的构造方法

使用无参数的构造方法创建的对象,可以获取本机的当前日期和时间,格式如下:

```
Date nd=new Date();// nd 实体的日期和时间就是创建该对象时本机的日期和时间
```

2. 带参数的构造方法

Date(long date):根据指定的 long 型整数来生成一个 Date 对象。生成的是一个 1970 年 1 月 1 日 00:00:00 加上参数 Date 毫秒数之后的时间。

例 4-7 使用 Date 类计算你来这个世界的天数。

代码如下:

```java
import java.text.ParseException;
import java.text.SimpleDateFormat;
import java.util.Date;
import java.util.Scanner;
public class Example4_7
{
public static void main(String[] args)
    {
    Date birth,date;
    Scanner sa=new Scanner(System.in);
    System.out.println("请输入你的生日(年-月-日):");
    String s1=sa.nextLine();        //输入生日
    SimpleDateFormat  s2=new SimpleDateFormat("yyyy-mm-dd");        //日期格式
    try
    {
        birth=s2.parse(s1);        //使用 parse( )方法将字符串解析为日期
        date=new Date();
        long time=date.getTime()-birth.getTime();        //创建时间对象
        System.out.println("这是来到世界的第"+time/1000/60/60/24+"天。");
    }
        catch (ParseException e)
    {
        e.printStackTrace();
        System.out.println("输入的格式不正确,请重新输入");
    }
    }
}
```

4.3.4 Calendar 类

Calendar 类所在的包是 java.util，其功能要比 Date 类丰富。

Calendar 类是一个抽象类，由于其为抽象类，且构造方法是 protected 的，所以无法使用自身的构造方法来创建对象，但可以通过 getInstance() 方法用来获取对象实例，如 Calendar c = Calendar.getInstance()。

例 4-8 Calendar 类的常用方法。

代码如下：

```java
import java.util.*;
public class Example4_8
{
    public static void main(String args[])
    {
        Calendar calendar=Calendar.getInstance();      //创建一个日历对象
        calendar.setTime(new Date());       //用当前时间初始化日历时间
        //获取年份
        String year=String.valueOf(calendar.get(Calendar.YEAR));
        //获取月份
        String month=String.valueOf(calendar.get(Calendar.MONTH)+1);
        //获取日期
        String date=String.valueOf(calendar.get(Calendar.DAY_OF_MONTH));
        //获取星期
        String day=String.valueOf(calendar.get(Calendar.DAY_OF_WEEK)-1);
        int hour=calendar.get(Calendar.HOUR_OF_DAY);     //获取小时
        int minute=calendar.get(Calendar.MINUTE);        //获取分钟
        int second=calendar.get(Calendar.SECOND);        //获取秒
        System.out.println("现在的时间是:");
        System.out.println(""+year+"年"+month+"月"+date+"日"+"星期" + day);
        System.out.println(""+hour +"时" + minute + "分" + second + "秒");
        calendar.set(1949,9,1);     //将日历翻到1949年10月1日,注意9表示十月
        // 返回当前时间,作为从开始时间的 UTC 毫秒值；
        long time1949=calendar.getTimeInMillis();
        calendar.set(2021,2,1);     //将日历翻到2021年3月1日
        // 返回当前时间,作为从开始时间的 UTC 毫秒值
        long time2021=calendar.getTimeInMillis();
        long interdays=(time2021 - time1949) / (1000 * 60 * 60 * 24);
        System.out.println("2021.3.1和1949.10.1相隔" + interdays + "天");
    }
}
```

4.3.5 随机类

Java 中有两种 Random( )方法,分别在 java.lang.Math 包和 java.util 包中,本小节主要介绍后者。系统类 Random 的作用是生成随机数。Random 类可以生成浮点型的伪随机数,也可以生成整型的伪随机数,还可以指定生成随机数的范围。它有两个构造方法,语法如下。

(1) Random();//使用默认的种子(以当前时间作为种子)。

(2) Random(long seed); //显式传入 long 型整数的种子。

Random 类使用一个 48 位的种子,如果这个类的两个实例是用同一个种子创建的,对它们的方法以同样的顺序调用,则它们会产生相同的数字序列。也就是说,Random 类产生的数字并不是真正的随机,而是一种伪随机。为了避免两个 Random 对象产生相同的数字序列,通常推荐使用当前时间作为 Random 对象的种子,代码如下:

Random rand=new Random(System.currentTimeMillis());

例 4-9 生成指定范围的随机数。

代码如下:

```
import java.util.Random;
class GetR
{
    public static int [] getr(int n,intmax)
    {
        //1 至 max 之间的 n 个不同随机整数(包括 1 和 max)
        int [] r=new int[n];        //存放随机数的数组
        int index=0;
        r[0]=-1;
        Random rm=new Random();     //创建随机数对象
        while(index<n)
        {
            int num=rm.nextInt(max)+1;
            boolean isIn=false;     //判断新产生的随机数是否在数组里
            for(int i:r)            //i 依次取数组 r 元素的值
            {
                if(i == num)
                    isIn=true;      //num 在数组里
            }
            if(isIn==false)//如果 num 不在数组 r 中
            {
                r[index]=num;
                index++;
            }
        }
        return   r;
    }
}
```

```
public class Example4_9
{
    public static void main(String args[])
    {
        int [] a=GetR. getr(5,100);
        System. out. println("生成的随机数序列是:");
        System. out. println(java. util. Arrays. toString(a));
    }
}
```

4.4 数据库类

4.4.1 JDBC

由于数据库在数据查询、修改和保存、安全等方面的优势,许多应用程序都使用数据库进行数据的存储和查询。本节将介绍在 Java 程序中使用 Java 数据库连接(Java Database Connectivity, JDBC)提供的 API 对数据库的操作。本小节使用的是当前广泛应用的 MySQL 数据库。

为了使 Java 编写的程序不依赖于具体的数据库,Java 提供了专门操作数据库的 API。JDBC 操作不同的数据库仅仅是连接方式上的不同,只要使用 JDBC 的应用程序和数据库建立了连接,就可以使用 JDBC 提供的 API 对数据库进行操作,使用 JDBC 操作数据库的原理如图 4-8 所示。

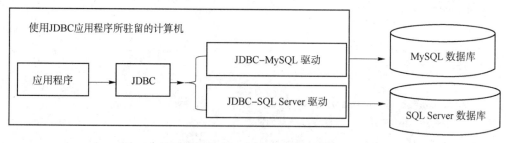

图 4-8 使用 JDBC 操作数据库原理

下面介绍如何使用 JDBC 和数据库建立连接,并进行基本的数据库操作。首先,建立 MySQL 数据库,使用 MySQL 数据库管理系统建立一个名为 student 的 MySQL 数据库。然后,创建表 info,在 student 数据库中创建名为 info 的学生信息表,该表的字段属性如表 4-1 所示。

表 4-1 表 info 的字段属性

字段名	类型	字段名	类型
No	文本	Birth	日期
Sname	文本	Score	单精度

接着,在 info 表中输入表 4-2 中的记录。

表 4-2 输入了记录的表 info

No	Sname	Birth	Score
1921010201	王敏	2000-10-23	90
1921010202	刘勤	2001-2-3	99
1921010203	黄松	2003-4-6	78
1921010204	罗筱	2000-9-30	86

使用 JDBC 的 Java 应用程序的数据库编程原理如图 4-9 所示。

JDBC 操作不同的数据库仅仅是连接方式上的差异,一般地,Java 应用程序经常使用 JDBC 按照如下步骤操作。

(1) 与一个数据库建立连接。
(2) 向已连接的数据库发送 SQL 语句。
(3) 处理 SQL 语句返回的结果。

表 4-3 是 JDBC 的 API 的有关数据库方面的常用系统接口。

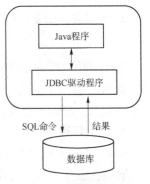

图 4-9 数据库编程原理

表 4-3 JDBC 的 API 的常用系统接口

接口名称	说明
Driver	用于创建连接(Connection)对象
Connection	连接对象,用于与数据库取得连接
Statement	语句对象,用于执行 SQL 语句,并将数据检索到结果集(ResultSet)对象中
PreparedStatement	预编译语句对象,用于执行预编译的 SQL 语句,执行效率比 Statement 对象高
ResultSet	结果集对象,包含执行 SQL 语句后返回的数据的集合
SQLException	数据库异常类,是其他 JDBC 异常类的根类,继承于 java.lang.Exception,绝大部分对数据库进行操作的方法都有可能抛出该异常
DriverManager	驱动程序管理类,用于加载和卸载各种驱动程序,并建立与数据库的连接

4.4.2 连接数据库

要对数据库进行操作的前提是与数据库已建立连接。当前连接并访问数据库的方式主要是通过驱动程序实现的。目前主流数据库都有针对 Java 语言的驱动程序,可以到数据库厂商的网站下载对应版本的驱动程序。

使用 JDBC-数据库驱动方式和数据库建立连接,需要经过以下两个步骤。
(1) 加载 JDBC-数据库驱动。
(2) 与指定的数据库建立连接。

首先,下载 JDBC-MySQL 数据库驱动,可在 MySQL 官网下载 JDBC-MySQL 数据库驱动(JDBC Driver for MySQL)。本书下载 mysql-connector-java-5.1.46.zip,将文件解压,解压后的目录下的 mysql-connector-java-5.1.46-bin.jar 文件就是连接 MySQL 数据库的 JDBC-数

据库驱动,将其复制到 JDK 的扩展目录中。例如,JDK 的安装目录扩展目录是 D:\jdk1.8\jre\lib\ext,则把 mysql-connector-java-5.1.46-bin.jar 文件复制到该目录下。

一般连接数据库的步骤如图 4-10 所示。

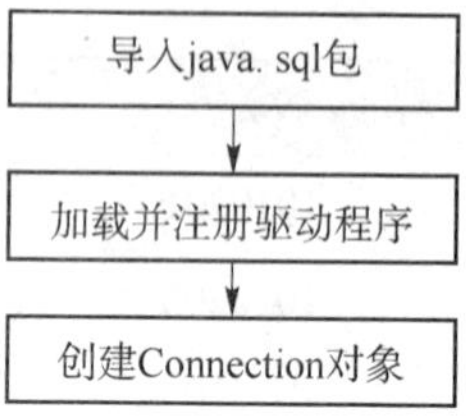

```
导入java.sql包
     ↓
加载并注册驱动程序
     ↓
创建Connection对象
```

图 4-10 连接数据库的步骤

1. 导入数据库包

导入数据库包的代码如下:

```
import java.sql.*;
```

2. 加载并注册驱动程序

Java 应用程序加载的 JDBC-MySQL 数据库驱动的代码如下:

```
Class.forName("com.mysql.jdbc.Driver");
```

MySQL 数据库驱动封装在 Driver 类中,类的包名是 com.mysql.jdbc,该类不是 Java 运行环境中的类,所以需要设置在 JRE 的扩展库 ext 中。

3. 创建连接对象

java.sql 包中的 DriverManager 类有两个用于建立连接的 static( ) 方法。代码如下:

```
Connection getConnection(java.lang.String,java.lang.String, java.lang.String)
Connection getConnection(java.lang.String)
```

这两个方法可能抛出 SQLException 异常,DriverManager 类调用上述方法可以和数据库建立连接,即可以返回一个连接对象。

使用 Connection getConnection(java.lang.String, java.lang.String, java.lang.String) 方法建立连接的代码如下:

```
Connection con;
String uri="jdbc:mysql:// 192.168.101.2:3306/student? useSSL=true";
String user="root";
String password="root";
try
{
        con=DriverManager.getConnection(uri,user,password);
}
catch(SQLException e)
{
        System.out.println(e);
}
```

使用 Connection getConnection(java.lang.String) 方法建立连接的代码如下:

```
Connection con;
String uri=
"jdbc:mysql://192.168.101.2:3306/student? user=root&password=root&useSSL=true";
try
{
        con=DriverManager.getConnection(uri);
}
```

```
catch(SQLException e)
{
    System.out.println(e);
}
```

应用程序一旦和某个数据库建立连接，就可以通过 SQL 语句和该数据库中的表交互信息，如查询、修改、更新表中的记录。

注：

（1）安全套接层（Secure Sockets Layer，SSL）设置问题。MySQL 5.7 版本建议在应用程序和数据库服务器建立连接时明确设置 SSL，即在连接字符序列信息中明确使用 useSSL 参数，并设置值为 true 或 false；如果不使用 useSSL 参数，则程序运行时总会提示用户程序进行明确设置，但不影响运行。

（2）本地机地址设置。如果用户要和 MySQL 驻留在同一计算机上，即本地机，则使用的 IP 地址可以是 127.0.0.1 或 localhost；另外，由于 3306 是 MySQL 数据库服务器的默认端口号，故连接数据库时允许应用程序省略默认的 3306。

（3）汉字问题。如果数据库的表中的记录有汉字，那么在建立连接时需要额外传递一个参数 characterEncoding，并取值 gb2312 或 utf-8 的代码如下：

```
String uri="jdbc:mysql://localhost/student? useSSL=true&characterEncoding=utf-8";
```

4.4.3 数据库操作

和数据库建立连接后，可以使用 JDBC 提供的 API 和数据库交互信息，如查询、修改和更新数据库中的表等。JDBC 和数据库表进行交互的主要方式是使用 SQL 语句。JDBC 提供的 API 可以将标准的 SQL 语句发送给数据库，实现和数据库的交互。数据库操作步骤如图 4-11 所示。

图 4-11 数据库操作步骤

1. 顺序查询

（1）创建 Statement 对象，向数据库发送 SQL 查询语句。

（2）SQL 查询语句对数据库的查询操作将返回一个结果集对象，结果集对象由按"列"（字段）组织的数据行构成，代码如下：

```
ResultSet rs=sql.executeQuery("SELECT * FROM student");
```

内存的结果集 rs 的列数是 4 列，刚好和 students 的列数相同。第 1~4 列分别是 No、Sname、Birth、Score 列，而对于

```
ResultSet rs=sql.executeQuery("SELECT Sname,Score FROM student");
```

内存的结果集对象 rs 的列数只有两列，第 1 列是 Sname 列，第 2 列是 Score 列。结果集对象一次只能看到一个数据行，使用 next() 方法移到下一个数据行，获得一行数据后，结果集对象可以使用 getXxx() 方法获得字段值（列值），将位置索引（第 1 列使用 1，第 2 列使用 2 等）或列名传递给 getXxx() 方法的参数即可。

顺序查询是指结果集对象一次只能看到一个数据行，使用 next() 方法移到下个数据行。next() 方法最初的查询位置，即游标位置，位于第 1 行的前面。next() 方法向下（向后、数据行号大的方向）移动游标，移动成功返回 true，否则返回 false。

注：无论字段是何种属性，总可以使用 getString(int columnIndex) 或 getString(String columnName) 方法返回字符串形式的字段值。

（3）关闭连接。

需要注意的是，结果集对象和数据库连接对象实现了紧密的绑定，一旦数据库连接对象被关闭，结果集对象中的数据立刻消失。这意味着应用程序在使用结果集对象中的数据时，就必须始终保持和数据库的连接，直到应用程序将结果集对象中的数据查看完毕。

例 4-10 连接 students 数据库，查询 students 数据库中 info 表的全部记录，并显示记录。

代码如下：

```java
import java.sql.*;
public class Example4_10
{
    public static void main(String args[])
    {
        Connection con=null;
        Statement sql;
        ResultSet rs;
        try
        {
            Class.forName("com.mysql.jdbc.Driver");
        }
        catch(Exception e){}
        String uri="jdbc:mysql://localhost:3306/student? useSSL=true";
        String user="root";
        String password="root";
        try
        {
            con=DriverManager.getConnection(uri,user,password);
        }
        catch(SQLException e){ }
        try
        {
```

```
                sql=con.createStatement();
                rs=sql.executeQuery("SELECT * FROM info");
                while(rs.next())
         {
                    String No=rs.getString(1);
                    String Sname=rs.getString(2);
                    Date Birth=rs.getDate(3);
                    float Score=rs.getFloat(4);
                    System.out.printf("%s\t",No);
                    System.out.printf("%s\t",Sname);
                    System.out.printf("%s\t",Birth);
                    System.out.printf("%.2f\n",Score);
         }
              con.close();
     }
     catch ( SQLException e )
       {
          System.out.println(e);
       }
    }
 }
```

2. 随机查询

结果集的游标的初始位置在结果集第 1 行的前面，结果集调用 next( ) 方法向下（后）移动游标，移动成功返回 true，否则返回 false。如果需要在结果集中上下（前后）移动、显示结果集中某条记录或随机显示若干条记录，则必须返回一个可滚动的结果集。为了得到一个可滚动的结果集，需使用下述方法获得一个 Statement 对象。代码如下：

Statement st=con.createStatement(int type ,int concurrency);

然后，根据参数 type、concurrency 的取值情况，st 返回相应类型的结果集。代码如下：

ResultSet re=stmt.executeQuery(SQL 语句);

type 的取值方式如表 4-4 所示。

表 4-4　type 的取值方式

type	取值决定滚动方式
ResultSet.TYPE_FORWORD_ONLY	结果集的游标只能向下移动
ResultSet.TYPE_SCROLL_INSENSITIVE	结果集的游标可以上下移动，当数据库变化时，当前结果集不变
ResultSet.TYPE_SCROLL_ SENSITIVE	返回可动的结果集，当数据库变化时，当前结果集同步改变

concurrency 取值如表 4-5 所示。

表 4-5 concurrency 取值

concurrency	取值决定是否可以用结果集更新数据库
ResultSet.CONCUR_READ_ONLY	不能用结果集更新数据库中的表
ResultSet.CONCUR_UPDATABLE	能用结果集更新数据库中的表

例 4-11 随机查询。

代码如下：

```java
import java.sql.*;    //连接数据库的类
public class DBC
{
    public static Connection dbc(String dbname,String user,String psw)
    {
        Connection con=null;
        String uri = "jdbc:mysql://localhost:3306/"+dbname+"? useSSL=true&characterEncoding=utf-8";
        try
        {
            Class.forName("com.mysql.jdbc.Driver");
        }
        catch(Exception e){}
        try
        {
            con=DriverManager.getConnection(uri,user,psw);
        }
        catch(SQLException e){}
        return con;
    }
}
//显示总的记录个数,并且随机抽取两条记录显示
import java.sql.*;
public class Example4_11
{
    public static void main(String args[])
    {
        Connection con;
        Statement sql;
        ResultSet rs;
        con=DBC.dbc("student","root","root");
        if(con==null) return;
        try
        {
            sql=con.createStatement(ResultSet.TYPE_SCROLL_SENSITIVE,
                            ResultSet.CONCUR_READ_ONLY);
            rs=sql.executeQuery("SELECT * FROM info");
```

```
            rs. last();
            int max=rs. getRow();
            System. out. println("info 表中总记录数是:"+max+",随机抽取 2 条记录是:");
            int []rc=GetR. getr(2,max);
            // GetR 类生成指定个数与范围的随机数;1~max 之间
            for(int i:rc)
    {
                rs. absolute(i);       //游标移动到第 i 行
                String No=rs. getString(1);
                String Sname=rs. getString(2);
                Date Birth=rs. getDate(3);
                float Score=rs. getFloat(4);
                System. out. printf("%s\t",No);
                System. out. printf("%s\t",Sname);
                System. out. printf("%s\t",Birth);
                System. out. printf("%.2f\n",Score);
            }
            con. close();
        }
        catch(SQLException e)
    {
            System. out. println(e);
        }
    }
}
```

3. 条件查询

where 子语句的一般格式如下：

select 字段 from 表名 where 条件;

（1）字段值和固定值比较，代码如下：

select Sname,Score from info where Sname='王敏';

（2）字段值在某个区间范围，代码如下：

select * from info where Score>78 and Score<=96;

（3）使用某些特殊的日期方法，如 year()、month()、day()，代码如下：

select from info where year(Birth)<2001 and month(Birth)<=8;
select from info where year(Birth) between 2000 and 2002;

（4）用操作符 like 进行模式匹配，使用%代替 0 个或多个字符，用一条下划线代替一个字。例如，查询 name 有"罗"字的记录：select * from info where Sname like '%罗%';

例 4-12 查询 students 数据库中的 info 表中姓罗，出生的年份在 2001 年 7 月之后，成绩大于 80 分的学生。

代码如下：

```java
import java.sql.*;
public class Example4_12
{
    public static void main(String args[])
    {
        Connection con;
        Statement sql;
        ResultSet rs;
        con=DBC.dbc("student","root","root");
        if(con==null ) return;
        String   s1=" Sname Like '罗_%'";
        String   s2=" year(Birth)>=2001 and month(Birth)>7";
        String   s3=" Score >80";
        String sqlstr =
        "select * from info where "+s1+" and "+s2+" and "+s3+"";
        try
        {
            sql=con.createStatement();
            rs=sql.executeQuery(sqlstr);
            while(rs.next())
            {
                String No=rs.getString(1);
                String Sname=rs.getString(2);
                Date Birth=rs.getDate(3);
                float Score=rs.getFloat(4);
                System.out.printf("%s\t",No);
                System.out.printf("%s\t",Sname);
                System.out.printf("%s\t",Birth);
                System.out.printf("%.2f\n",Score);
            }
            con.close();
        }
        catch(SQLException e)
        {
            System.out.println(e);
        }
    }
}
```

4. 更新

代码如下：

```
update  表 set 字段=新值 where <条件子句>；
```

例如，下述 SQL 语句将 info 表中 Sname 值为"黄松"的记录的 Score 字段的值更新为 86。

代码如下:

```
update info set Score=86 where Sname='黄松';
```

5. 新增

代码如下:

```
insert info 表(字段列表) values (对应的具体的记录);
insert info 表 values (对应的具体的记录);
```

例如,下述 SQL 语句将向 info 表中插入 1 条新的记录(可批量插入多条记录,记录之间都用逗号分隔)。代码如下:

```
insert into info values ('1921010206','薛莹','2002-9-23',89);
```

6. 删除

代码如下:

```
delete from 表名 where <条件子句>;
```

例如,下述 SQL 语句将删除 info 表中的 No 字段值为 "1921010203" 的记录。代码如下:

```
delete from info where No='1921010203';
```

注:当返回结果集后,如果没有立即输出结果集的记录,而执行了更新语句,则结果集就不能输出记录了;要想输出记录,就必须重新返回结果集。

例 4-13 向 info 表中插入 1 条记录。

代码如下:

```java
import java.sql.*;
public class Example4_13
{
    public static void main(String args[])
    {
        Connection con;
        Statement sql;
        ResultSet rs;
        con = DBC.dbc("student","root","root");
        if(con == null ) return;
        String s="('1921010206','肖蒙','2001-8-13',82)";
        String sqlStr ="insert into info values"+s;
        try
        {
            sql=con.createStatement();
            int ok = sql.executeUpdate(sqlStr);
            rs = sql.executeQuery("select * from info");
            while(rs.next())
            {
                String No=rs.getString(1);
                String Sname=rs.getString(2);
                Date Birth=rs.getDate(3);
                float Score=rs.getFloat(4);
                System.out.printf("%s\t",No);
                System.out.printf("%s\t",Sname);
```

```
                System.out.printf("%s\t",Birth);
                System.out.printf("%.2f\n",Score);
            }
            con.close();
        }
        catch(SQLException e)
        {
            System.out.println(e);
        }
    }
}
```

4.4.4 预处理语句

1. 使用预处理

当向数据库发送一个 SQL 语句,如 select * from info;时数据库中的 SQL 解释器负责把 SQL 语句生成底层的内部命令,然后执行该命令,完成有关的操作。如果不断地向数据库提交 SQL 语句,则势必增加数据库中 SQL 解释器的负担,影响执行的速度。如果应用程序能针对连接的数据库,事先就将 SQL 语句解释为数据库底层的内部命令,然后直接让数据库去执行这个命令,显然不仅减轻了数据库的负担,而且也提高了访问数据库的速度。

对于 JDBC,如果使用 Connection 对象和某个数据库建立了连接对象 con,那么 con 就可以调用 PrepareStatement(String sql)方法对参数 sql 指定的 SQL 语句进行预编译处理,生成该数据底层的内部命令,并将该命令封装在预处理(PreparedStatement)对象中。

2. 使用通配符

在对 SQL 语句进行预处理时,经常结合通配符"?"的使用来代替字段的值进行灵活的查询设置,代码如下:

```
String st="select * from info where Score < ? and Sname= ? "
PreparedStatement sql=con.prepareStatement(st);
```

然后,在 sql 对象执行之前,应当先调用相应的方法设置好通配符"?"代表的具体值,代码如下:

```
sql.setFloat(1,90f);
sql.setString(2,"吴军");
```

上述预处理 SQL 语句 sql 中第 1 个通配符"?"代表的值是 90,第 2 个通配符"?"代表的值是"吴军"。通配符按照它们在预处理 SQL 语句中从左到右依次出现的顺序分别被称为第 1 个、第 2 个、…、第 m 个通配符。使用通配符可以让应用程序灵活地动态设置 SQL 语句中有关字段值的条件。预处理语句设置通配符值的常用方法如表 4-6 所示。

表 4-6 预处理语句设置通配符值的常用方法

方法	功能
void setDate(int parameterIndex, Date x)	设置 parameterIndex 顺序的 Date 型字段值
void setDouble(int parameterIndex, double x)	设置 parameterIndex 顺序的 double 型字段值

续表

方法	功能
void setFloat(int parameterIndex, float x)	设置 parameterIndex 顺序的 float 型字段值
void setInt(int parameterIndex, int x)	设置 parameterIndex 顺序的 int 型字段值
void setLong(int parameterIndex, long x)	设置 parameterIndex 顺序的 long 型字段值
void setString(int parameterIndex, String x)	设置 parameterIndex 顺序的 String 型字段值

例 4-14 使用预处理语句向 info 表中插入记录并查询姓"罗"的记录。
代码如下：

```java
import java.sql.*;
public class Example4_14
{
    public static void main(String args[])
    {
        Connection con;
        PreparedStatement p;
        ResultSet rs;
        con=DBC.dbc("student","root","root");
        if(con==null ) return;
        String sqlStr="insert into info values(?,?,?,?)";
        try
        {
            p=con.prepareStatement(sqlStr);       //得到预处理语句对象 p
            p.setString(1,"1921010210");          //设置第 1 个"?"代表的值
            p.setString(2,"秦莲");                //设置第 2 个"?"代表的值
            p.setString(3,"2002-9-10");           //设置第 3 个"?"代表的值
            p.setFloat(4,89);                     //设置第 4 个"?"代表的值
            int good=p.executeUpdate();
            String sqlstr="select * from info where Sname like ? ";
            p=con.prepareStatement(sqlstr);       //得到预处理语句对象 p
            p.setString(1,"罗%");                 //设置第 1 个"?"代表的值
            rs=p.executeQuery();
            while(rs.next())
            {
                String No=rs.getString(1);
                String Sname=rs.getString(2);
                Date Birth=rs.getDate(3);
                float Score=rs.getFloat(4);
                System.out.printf("%s\t",No);
                System.out.printf("%s\t",Sname);
```

```
                System. out. printf("%s\t",Birth);
                System. out. printf("%.2f\n",Score);
            }
            con. close();
        }
        catch(SQLException e)
        {
            System. out. println(e);
        }
    }
}
```

4.4.5 事务

1. 事务及处理

数据库中事务处理是保证数据完整性与一致性的重要机制。事务处理，是指应用程序保证事务中的 SQL 语句要么全部都执行，要么全都不执行。

数据库 bank，数据库表 money 字段如表 4-7 所示。

表 4-7 money 的字段

字段名	类型
userid	String
username	String
income	int

数据库 bank，在 money 表中的记录如表 4-8 所示。

表 4-8 输入了记录的 money 表

userid	username	income
1001	黄晓	3500
1002	廖妍	1000
1003	吴欢	5600
1004	陈旭	8000

一般地，银行为了完成一个银行转账业务需要两条 SQL 语句。例如，把 1001 用户的收入部分 1000 转入 1002 用户的 income 部分，即需要将数据库 money 表中 userid 号是 1001 的记录的 income 字段的值由原来的 3500 更改为 2500，然后将 userid 号是 1002 的记录的 income 字段的值由原来的 1000 更新为 2000，应用程序必须保证这两条 SQL 语句要么全都执行，要么全都不执行。

2. JDBC 事务处理步骤

（1）用 setAutoCommit(booean b) 法关闭自动提交模式。

所谓关闭自动提交模式,就是关闭 SQL 语句的即刻生效性。和数据库建立一个连接对象后,如 con,那么 con 的提交模式是自动提交模式,即该连接对象 con 产生的 Statement(预处理对象)对数据库提交的任何一条 SQL 语句操作都会立刻生效,使数据库中的数据可能发生变化,这显然不能满足事务处理的要求。例如,在转账操作时,将 1001 用户的 income 字段的值由原来的 3500 更改为 2500 的操作不应当立刻生效,而应等到 1002 用户的 income 字段的值由原来的 1000 更新为 2000 后一起生效。如果第 2 条 SQL 语句操作未能成功,则第 1 条 SQL 语句操作就不应当生效,为了能进行事务处理,必须关闭 con 的这个默认设置。

con 首先调用 setAutoCommit(boolean autoCommit)方法,将参数 autoCommit 的值取 false 来关闭默认设置,代码如下:

```
con.setAutoCommit(false);
```

注:先关闭自动提交模式,再获取 Statement 对象 sql,代码如下:

```
sql=con.createStatement();
```

(2)用 commit()方法处理事务。

con 调用 setAutoCommit(false)后,con 所产生的 Statement 对象对数据库提交任何一条 SQL 语句都不会立刻生效,这就有机会让 Statement 对象(预处理对象)提交多条 SQL 语句,这些 SQL 语句就是一个事务。事务中的 SQL 语句不会立刻生效,直到连接对象 con 调用 commit()方法。con 调用 commit()方法就是试图让事务中的 SQL 语句全部生效。

(3)用 rollback()方法处理事务失败。

如果事务处理失败,就必须撤销事务所做的操作。con 调用 commit()方法进行事务处理时,只要事务中任何一个 SQL 语句未能成功生效,就会抛出 SQLException 异常。在处理 SQLException 异常时,需要让 con 调用 rollback()方法,其作用是撤销事务中成功执行的 SQL 语句对数据库数据所做的更新、插入或删除操作,即撤销引起数据发生变化的 SQL 语句所产生的操作,将数据库中的数据恢复到 commit()方法执行之前的状态。

例 4-15 事务处理实例。

代码如下:

```
import java.sql.*;
public class Example4_15
{
    public static void main(String args[ ])
    {
        Connection con=null;
        Statement sql;
        ResultSet rs;
        String str;
        con=DBC.dbc("bank","root","root");
        if(con == null )
   return;
        try
```

```
        {
            int n=1000;
            con.setAutoCommit(false);        //关闭自动提交模式
            sql=con.createStatement();
      str="select userid,username,income from money where userid='1001' ";
            rs=sql.executeQuery(str);
            rs.next();
            float in1=rs.getFloat(3);
            System.out.println(rs.getString(1)+"事务之前收入:"+in1);
      str="select userid,username,income from money where userid='1002' ";
            rs=sql.executeQuery(str);
            rs.next();
            float in2=rs.getFloat(3);
            System.out.println(rs.getString(1)+"事务之前收入:"+in2);
            in1-=n;
            in2+=n;
            str= "update money set income ="+in1+" where userid='1001' ";
            sql.executeUpdate(str);
            str= "update money set income ="+in2+" where userid='1002' ";
            sql.executeUpdate(str);
            con.commit();        //开始事务处理,如果发生异常直接执行catch部分
            con.setAutoCommit(true);        //恢复自动提交模式
            String s="select userid,username,income from money where userid='1001' or userid='1002' ";
            rs=sql.executeQuery(s);
            while(rs.next())
            {
                System.out.println(rs.getString(1)+"事务后收入:"+rs.getFloat(3));
            }
            con.close();
        }
        catch(SQLException e)
        {
            try con.rollback();        //撤销事务所做的操作
            {
            }
            catch(SQLException exp){}
        }
    }
}
```

4.5 本章小结

本章主要介绍了包的作用、如何创建管理包、import 语句的使用及 Java 常用包；介绍了使用 try-catch 语句来捕获并处理异常；较为详细地介绍了 String、StringBuffer、StringBuilder、Date、Calendar 及随机类的常用方法；解释了 JDBC 的操作原理，并对具体的数据库连接及操作步骤进行了详细介绍，最后介绍了预处理语句及事务的特点及使用。

习 题

1. 编写程序：允许用户在键盘上依次输入若干数字，程序将计算出这些数的和及平均值。采用自定义异常类控制数据输入的合法性，当用户输入的数大于 100 或小于 0 时，程序立刻终止执行，并提示这是一个非法的数据。
2. 请简述 String 类、StringBuffer 类、StringBuilder 类的区别。
3. 预处理语句有什么好处？
4. 请简述事务处理的步骤。
5. 请将例 4-10 中的数据库换为 SQL Server，然后进行顺序查询。

第 5 章

Java 网络编程

本章目标

- 了解并熟练运用 InetAddress 类的使用。
- 了解并熟练运用 URL 类解析网络资源。
- 了解并熟练运用 Socket 类实现网络通信。
- 了解并熟练运用 DatagramSocket 类实现网络通信。
- 了解 UDP 与 TCP 实现通信的区别。

本章思维导图

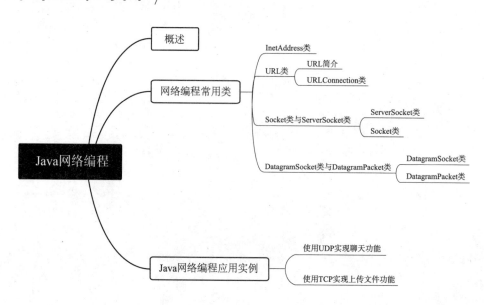

5.1 概述

计算机网络可以通过网络通信协议连接不同物理地址的多台计算机,从而达到资源共享和数据通信的目的。Java 作为一门十分强大的计算机编程语言,也为开发者提供了网络功能开发程序包——java.net 包。java.net 包中提供了计算机网络中 TCP 和 UDP 两个基础传输协议的支持。

传输控制协议(Transmission Control Protocol,TCP)是能提供可靠的、面向连接的传输协议。收发端在进行数据传输之前,必须先建立 TCP 连接,才能传输数据。

用户数据报协议(User Datagram Protocol,UDP)是非连接协议,收发端进行数据传输之前不需要建立连接,是不可靠的传输协议。

本章首先介绍如何通过 InetAddress 类实现 IP 地址,然后介绍 URL 的概念以及如何进行 URL 连接,最后详细介绍如何实现 TCP 和 UDP 连接。

5.2 网络编程常用类

5.2.1 InetAddress 类

互联网协议地址(Internet Protocol Address,IP 地址)是 IP 在 Internet 中分配给每一台主机的唯一标识。

在 Java 使用 InetAddress 类来表示 IP 地址操作对象类,它用子类 Inet4Address 来表示 IPv4 地址,用另一个子类 Inet6Address 来表示 IPv6 地址。

InetAddress 类常用的方法有以下 4 种。

(1) public static InetAddress getLocalHost() throws UnknownHostException:获取本地主机,返回 InetAddress 对象。该方法会抓取未知主机异常。

(2) public static InetAddress getByName(String host) throws UnknownHostException:通过已知的主机名称获取 InetAddress 对象。参数 host 为主机的域名或者 IP 地址。

(3) public String getHostName():获取主机名称,返回 String 对象。

(4) public String getHostAddress():获取主机 IP,返回 String 对象。

下面通过例 5-1 来加以说明。

例 5-1 运行 InetAddressDemo。

代码如下:

```
import java.net.InetAddress;
import java.net.UnknownHostException;
public class InetAddressDemo
{
    public static void main(String[] args) throws UnknownHostException
    {
        InetAddress localHost=null;      //本地主机
        InetAddress objectHost=null;     //目标主机
```

```
        String localIp;            //定义本机 IP
        String objectIp;           //定义目标主机 IP
        String localhostName;      //本地主机名称
        String objecthostName;     //目标主机名称
        localHost=InetAddress.getLocalHost();          //获取本地主机
        localIp=localHost.getHostAddress();            //获取本地主机 IP
        localhostName=localHost.getHostName();         //获取本地主机名称
        objectHost=InetAddress.getByName("www.baidu.com");   //百度主机
        objectIp=objectHost.getHostAddress();          //获取目标主机 IP
        objecthostName=objectHost.getHostName();       //获取目标主机名称
        System.out.println("本机名称为:"+localhostName);
        System.out.println("本机的 IP 地址为:"+localIp);
        System.out.println("百度主机名称为"+objecthostName);
        System.out.println("百度的 IP 地址为:"+objectIp);
    }
}
```

程序运行结果如图 5-1 所示。

```
<terminated> InetAddressDemo [Java Application] E:\Java\jre8\bin\javaw.exe
本机名称为:DESKTOP-DV19853
本机的IP地址为:192.168.1.7
百度主机名称为www.baidu.com
百度的IP地址为:111.45.3.176
```

图 5-1 InetAddressDemo 运行结果

5.2.2 URL 类

1. URL 简介

统一资源定位器（Uniform Resource Locator，URL）。URL 用字符来表示 Web 资源在万维网上的地址，一个资源由一个 URL 地址作为唯一标识。URL 格式如下。

协议类型://服务器地址[:端口号]/路径/文件名[参数=值]，格式中 [ ] 部分是可选部分。

(1) 协议类型，使用解析的传输协议。常见的协议有 HTTP、HTTPS、FTP 等。
(2) 服务器地址：需要访问的服务器地址（服务器域名）。
(3) 端口号：如果没有指定特殊的访问端口，则会使用协议的默认端口。
(4) 路径：指定访问服务器的文件路径，若省略，则会访问服务器的根目录。
(5) 文件名：所获取资源的名称。

下面通过例 5-2 来演示获取 URL 中的参数。

例 5-2 运行 URLDemo。

```
import java.net.URL;
public class URLDemo
{
    public static void main(String[] args) throws Exception  //抛出异常
```

```
{
    //解析 URL 地址
    URL url=new URL("https://www.oracle.com/
        technetwork/java/javase/downloads/index.html");
    System.out.println("URL 为:" + url.toString());
    System.out.println("协议为:" + url.getProtocol());
    //获取 URL 中的文件名,若无参数,则该方法与 getPath()的返回结果一致
    System.out.println("文件名及请求参数:" + url.getFile());
    //获取 URL 的服务器名称
    System.out.println("主机名:" + url.getHost());
    System.out.println("路径:" + url.getPath());
    //获取 URL 的端口。若没有指定,则返回值-1
    System.out.println("端口:" + url.getPort());
    System.out.println("默认端口:" + url.getDefaultPort());
    System.out.println("请求参数:" + url.getQuery());
}
}
```

程序运行结果如图 5-2 所示。

```
URL 为: https://www.oracle.com/technetwork/java/javase/downloads/index.html
协议为: https
文件名及请求参数: /technetwork/java/javase/downloads/index.html
主机名: www.oracle.com
路径: /technetwork/java/javase/downloads/index.html
端口: -1
默认端口: 443
请求参数: null
```

图 5-2　URLDemo 运行结果

2. URLConnection 类

URLConnection 类通过 URL 与服务器建立连接,并由此读取 URL 指定的资源。该类实现了比 Socket 类更轻松地获取网络连接及访问资源请求。

URLConnection 类的常用方法有以下 3 种。

(1) public InputStream getInputStream() throws IOException:返回 URL 链接中的资源输入流。

(2) public int getContentLength():返回 URL 链接中资源的内容长度。如果内容长度未知或者内容长度大于 Integer 型的最大值,则返回-1。

(3) public String getContentType():返回 URL 链接中的内容类型,如果内容类型未知,则返回 null。

下面通过例 5-3 获取 URL 链接中的资源信息。

例 5-3　运行 URLConnectionDemo。

代码如下：

```
import java.io.IOException;
import java.io.InputStream;
import java.net.MalformedURLException;
import java.net.URL;
```

```java
import java.net.URLConnection;

public class URLConnectionDemo
{
    public static void main(String[] args)
    {
        try
        {
            URL url=new URL("https://www.oracle.com");
            //通过URL建立URLConnection对象
            URLConnection urlc=url.openConnection();
            //打开URL中资源的输入流
            InputStream is=urlc.getInputStream();
            //定义字节类型,用于获取资源的文本数据
            byte[] buf=new byte[1024];
            int len=0;
            while((len=is.read(buf))!=-1) //判断文件是否读取完成
            {
                //输出资源的文本数据
                System.out.println(new String(buf,0,len));
            }
            //获取URL中的资源内容长度
            System.out.println(urlc.getContentLength());
            //获取URL中的资源内容类型
            System.out.println(urlc.getContentType());
            is.close();
        }
        catch (MalformedURLException e1)
        {
            e1.printStackTrace();
        } catch (IOException e)
        {
            e.printStackTrace();
        }
    }
}
```

程序运行结果如图5-3所示。

```
t=\"Land O' Lakes logo\" src=\"https://www.oracle.com/a/ocom/img/customerlogo-land-o-lakes-blk.svg\" width=\"120\" /\u003e\n\u003cc
Database","description":"","language":"en-US","links":[],"updatedDate":{"value":"2021-02-01T18:42:35.463Z","timezone":"UTC"},"id":"
s\" href=\"https://www.oracle.com/database/gartner-dbms.html?intcmp=OHP0201\"\u003eRead the Gartner report\u003c/a\u003e\u003c/div
le.com/a/ocom/img/oracle-live-rebrand.svg\" /\u003e\u003c/div\u003e\n\n\u003ch2 class=\"rh02-ttl\"\u003eExpanding the Possibilities
3cp\u003eTuesday, February 9, 2021 | 9 AM PT | 2 PM BRT | 5 PM GMT\u003c/p\u003e\n\u003c/div\u003e\n\n\u003cdiv class=\"rh02-cta\"\
ame":"viewport","content":"width=device-width, initial-scale=1.0, maximum-scale=1.0"}],["meta",{"name":"app_version","content":"1"}
tps://www.oracle.com/asset/web/css/redwood-styles.css","rel":"stylesheet"}],["link",{"rel":"preload","href":"https://www.oracle.com
t><script src="/product-navigator/_next/static/chunks/framework.6e6c7d5b2a0b152c4c1a.js" async=""></script><script src="/product-na
ource/c80120d8bcrn2487b2bc59dd8540619e"]); </script><script type="text/javascript" src="/resource/c80120d8bcrn2487b2bc59dd8540619e
28828
text/html; charset=utf-8
```

图5-3　URLConnectionDemo运行结果

5.2.3　Socket 类与 ServerSocket 类

Socket 本质上是位于应用层和传输层之间的接口，对 TCP/IP 的通信逻辑进行封装。在 java.net 包中，提供了 Socket 类与 ServerSocket 类的双端通信。

Java 网络程序开发中，ServerSocket 类主要用于服务器端，等待客户端进行可靠的通信连接。Socket 类为服务器端和客户端提供了通信接口，服务器端和客户端通信之前，必须先实例化 Socket 对象，通过 Socket 对象的输入/输出流实现客户端与服务器端通信。

Socket 类通信原理如图 5-4 所示。

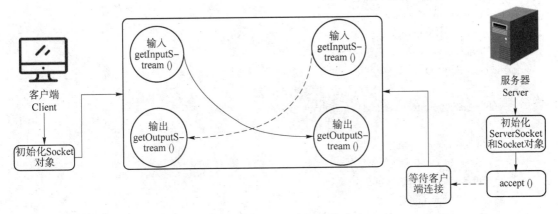

图 5-4　Socket 类通信原理

从图 5-4 可以看出，Socket 类通信的工作流程如下。
（1）初始化 Socket 与 ServerSocket 对象，等待客户端连接。
（2）打开 Socket 对象的输入/输出流。
（3）对 Socket 对象进行读写操作，实现网络通信。
（4）关闭 Socket 对象的输入/输出流。

1. ServerSocket 类

在客户端与服务器的通信中，ServerSocket 类负责监听服务器端口，接收客户端的连接请求。

ServerSocket 类常用的方法有以下 8 种。

（1）public ServerSocket(int port) throws IOException：ServerSocket 类的构造方法，创建绑定监听端口的 ServerSocket 对象。

（2）ServerSocket(int port, int backlog) throws IOException：创建绑定端口的 ServerSocket 对象并指定连接的最大队列长度 backlog，如果连接队列容量已满，则连接被拒绝。

（3）ServerSocket(int port, int backlog, InetAddress bindAddr) throws IOException：创建绑定端口，指定连接最大队列长度和主机 IP 地址，参数 bindAddr 为主机 IP 地址。

（4）public Socket accept() throws IOException：该方法从连接队列中接受一个客户端请求，并返回一个 Socket 对象。如果连接队列中没有客户端连接请求，则此方法会等待直到建立连接。

（5）public InetAddress getInetAddress()：获取 ServerSocket 对象绑定的 IP 地址。

（6）public int getLocalPort()：获取 ServerSocket 对象绑定的监听端口。

（7） public boolean isClosed( )：返回 ServerSocket 对象的关闭状态。

（8） public void close( ) throws IOException：服务器端关闭连接并释放绑定端口和 IP 地址。

下面通过例 5-4 创建服务器端监听客户端的连接请求并接收客户端发送的信息。

例 5-4 运行 ServerDemo。

代码如下：

```java
import java.io.BufferedReader;
import java.io.InputStream;
import java.io.InputStreamReader;
import java.net.InetAddress;
import java.net.ServerSocket;
import java.net.Socket;
public class ServerDemo
{
    public static void main(String[] args) throws Exception //抛出所有异常
    {
        Socket client = null;
        //定义 InetAddress，接收客户端 IP
        InetAddress clientIP=null;
        InputStream input=null;
        BufferedReader reader=null;
        //初始化 ServerSocket，并监听 8888 端口，等待客户端连接
        ServerSocket server=new ServerSocket(8888);
        System.out.println("服务器:服务器已运行,等待客户端连接…");
        //等待客户端连接
        client=server.accept();
        if(client ! = null)
        {
            //获取客户端 IP
            clientIP=client.getInetAddress();
            System.out.println("服务器:客户端已连接! 客户端的 IP 地址为:"+clientIP.getHostAddress());
            //建立连接后,获取 Socket 对象输入流
            input=client.getInputStream();
            //获取 BufferedReader 对象
            reader=new BufferedReader(new InputStreamReader(input));
            //获取客户端信息
            String clientMsg=reader.readLine();
            //输出客户端信息
            System.out.println("来自客户端的信息: " + clientMsg);
        }
        input.close();
        client.close();
        server.close();
    }
}
```

程序运行结果如图 5-5 所示。

图 5-5 ServerDemo 运行结果

2. Socket 类

Socket 类是客户端与服务器通信的端点，客户端与服务器通过 Socket 对象进行交互。Socket 类的常用方法有以下 8 种。

（1）public Socket(String host, int port) throws UnknownHostException, IOException：创建指定服务器主机和端口的 Socket 对象，参数 host 为服务器主机名，参数 port 为端口号。

（2）public InetAddress getInetAddress()：返回 Socket 对象连接地址，返回类型为 InetAddress 对象。

（3）public InputStream getInputStream() throws IOException：获取 Socket 对象输入流。

（4）public OutputStream getOutputStream() throws IOException：获取 Socket 对象输出流。

（5）public int getPort()：返回 Socket 对象连接的服务器端口。

（6）public boolean isConnected()：获取 Socket 对象的连接状态。

（7）public boolean isClosed()：获取 Socket 对象的关闭状态。

（8）public void close() throws IOException：关闭 Socket 对象。Socket 对象关闭之后，将不能再进行网络连接及 I/O 操作。

下面通过例 5-5 创建客户端与例 5-4 的服务器建立连接并向服务器发送信息。

例 5-5 运行 ClientDemo。

代码如下：

```java
import java.io.OutputStream;
import java.io.PrintWriter;
import java.net.Socket;
public class ClientDemo
{
    public static void main(String[] args) throws Exception
    {
        Socket client=null;
        OutputStream clientOut=null;
        PrintWriter out=null;
        //实例化 Socket 对象，与指定服务器建立连接
        client=new Socket("localhost", 8888);
        clientOut=client.getOutputStream();
        String clientMsg="我是客户端-罗罗";
        //实例化打印流对象
        out=new PrintWriter(clientOut);
        //向输出流写入信息
        out.write(clientMsg);
        out.close();
        clientOut.close();
        client.close();
    }
}
```

程序运行结果如图 5-6 所示。

```
<terminated> ServerDemo [Java Application] E:\Java\jre8\bin\javaw.exe
服务器：服务器已运行，等待客户端连接…
服务器：客户端已连接！客户端的IP地址为：127.0.0.1
来自客户端的信息：我是客户端-罗罗
```

图 5-6 ClientDemo 运行结果

5.2.4 DatagramSocket 类与 DatagramPacket 类

使用 TCP 进行网络通信前，通信双方必须先建立可靠连接，并且以流的形式互相传输数据。TCP 连接是一种可靠的面向连接的传输协议，发送数据时会检查数据的可达性，以确保数据能准确到达。但 TCP 连接消耗的网络资源较多，传输效率较低。而 UDP 是无连接、不可靠的传输协议。使用 UDP 只需通过目标主机的 IP 地址和端口发送数据包，相比 TCP 消耗的网络资源更少，传输效率更高。

在 Java 的 UDP 网络开发中使用 DatagramSocket 类用于发送和接收数据，使用 DatagramPacket 类封装数据包。

1. DatagramSocket 类

DatagramSocket 类常用方法有以下 5 种。

（1）public DatagramSocket（int port）throws SocketException：创建绑定本地主机端口的 DatagramSocket 对象。

（2）public DatagramSocket（int port，InetAddress addr）throws SocketException：创建指定服务器 IP 地址和端口的 DatagramSocket 对象。

（3）public void send（DatagramPacket p）throws IOException：向指定主机发送封装了数据包的 DatagramPacket 对象。

（4）public void receive（DatagramPacket p）throws IOException：接收封装数据包的 DatagramPacket 对象。如果消息长度大于定义的 DatagramPacket 对象长度，则消息被拦截。

（5）public void close（）：关闭 DatagramSocket。

2. DatagramPacket 类

DatagramPacket 类常用方法有以下 4 种。

（1）public DatagramPacket（byte[] buf，int length）：创建一个可接收长度为 length 的数据包，length 参数必须小于或等于 buf 的长度。

（2）public DatagramPacket（byte[] buf, int length, InetAddress address, int port）：创建一个长度为 length 的数据包，并将其发送到指定 IP 地址和端口的主机上。

（3）public byte[] getData（）：获取封装在 DatagramPacket 对象中的数据。

（4）public int getLength（）：获取发送或接收的数据长度。

下面通过例 5-6、例 5-7 实现 UDP 通信。

例 5-6 运行 DatagramClient 类实例。

代码如下：

```java
import java.net.DatagramPacket;
import java.net.DatagramSocket;
import java.net.InetAddress;
```

```java
public class DatagramClient
{
    public static void main(String[] args)
    {
        try
        {
            // 创建 Socket 对象
            DatagramSocket client=new DatagramSocket();
            String Message="我是客户端-罗罗!";
            // 获取服务器的地址
            InetAddress address=InetAddress. getByName("localhost");
            // 创建封装了数据、主机地址以及端口号的 DatagramPacket 对象
            DatagramPacket sandPacket=new DatagramPacket
                (Message. getBytes(),Message. getBytes(). length, address, 9999);
            System. out. println("罗罗:已向主机发送信息");
            // 发送消息到服务器
            client. send(packet);
            client. close();
        }
        catch (Exception e)
        {
            e. printStackTrace();
        }
    }
}
```

程序运行结果如图 5-7 所示,

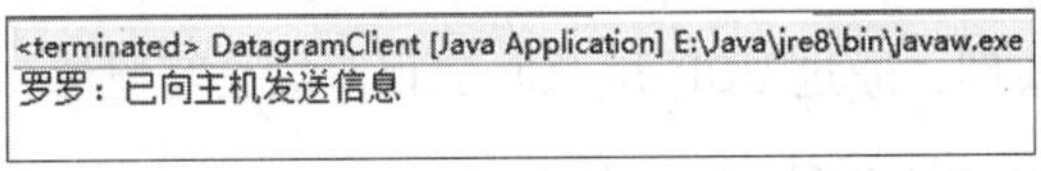

```
<terminated> DatagramClient [Java Application] E:\Java\jre8\bin\javaw.exe
罗罗:已向主机发送信息
```

图 5-7　DatagramClient 类实例运行结果

例 5-7　运行 DatagramServer 类实例。
代码如下:

```java
import java. net. DatagramPacket;
import java. net. DatagramSocket;
public class DatagramServer
{
    public static void main(String[] args)
    {
        try
        {
            //定义字节型数组,接收数据
            byte[] data=new byte[1024];
            //创建可接收数据的 DatagramPacket 对象
            DatagramPacket dataPacket=new DatagramPacket(data, data. length);
```

```java
            // 创建监听端口的 DatagramSocket 对象
            DatagramSocket server=new DatagramSocket(9999);
            //接收客户端发送的数据
            server.receive(dataPacket);
            String receiveMsg = new String(dataPacket.getData(),0,
                    dataPacket.getLength());
            System.out.println("服务器:接收到来自"
    +dataPacket.getAddress().getHostAddress()+"的信息---"+receiveMsg);
            server.close();
        }
        catch (Exception e)
        {
            e.printStackTrace();
        }
    }
}
```

程序运行结果如图 5-8 所示。

```
<terminated> DatagramServer [Java Application] E:\Java\jre8\bin\javaw.exe
服务器：接收到来自127.0.0.1的信息---我是客户端-罗罗！
```

图 5-8　DatagramServer 类实例运行结果

5.3　Java 网络编程应用实例

本节介绍两个应用实例，通过 UDP 和 TCP 实现双端交互通信。

5.3.1　使用 UDP 实现聊天功能

在之前的 UDP 网络实例中，单次发送和接收信息后，就停止交互，退出程序。这样的程序并不实用。下面的实例使用循环发送和接收信息的方法，简单实现 UDP 服务器端和客户端多次交互，直到客户端和服务器端结束聊天才会退出程序。

下面先编写实现服务器端的代码。

例 5-8　运行 UDPServer 类实例。

代码如下：

```java
package UDPChat;
import java.io.IOException;
import java.net.DatagramPacket;
import java.net.DatagramSocket;
import java.net.InetAddress;
import java.net.SocketException;
import java.rmi.UnexpectedException;
import java.util.Scanner;
```

```java
public class UDPServer
{
    public static void main(String[] args)
    {
        System.out.println("---服务器端---");
        try
        {
            //实例化监听端口9999的DatagramSocket对象
            DatagramSocket server=new DatagramSocket(9999);
            Scanner scanner=new Scanner(System.in);
            //定义结束交互标志
            boolean flag=true;
            while (flag)
            {
                //实例化接收信息的字节数组
                byte[] receiveData=new byte[1024];
                //实例化发送数据的DatagramPacket对象
                DatagramPacket receivePacket=new DatagramPacket(
                        receiveData,receiveData.length);
                //服务器端接收数据
                server.receive(receivePacket);
                //将接收的数据转换为字符串
                String str=new String(receivePacket.getData(), 0,
                        receivePacket.getLength());
                System.out.println("客户端:" + str);
                //服务器端输入信息
                String Message=scanner.next();
                //将信息封装成字节数组
                byte[] sendData=Message.getBytes();
                //实例化发送数据包
                DatagramPacket sandPacket=new DatagramPacket(
           sendData,sendData.length, InetAddress.getLocalHost(), 8888);
                //向客户端发送数据
                server.send(sandPacket);
                if (Message.equals("bye"))
                    flag=false;
            }
            //关闭DatagramSocket对象
            server.close();
        }
        catch (SocketException e)
        {
            e.printStackTrace();
        }
```

```
                    catch (UnexpectedException e)
                    {
                        e.printStackTrace();
                    }
                    catch (IOException e)
                    {
                        e.printStackTrace();
                    }
            }
    }
```

将服务器端与客户端的代码编写完成之后,先运行服务器端代码,等待客户端发送信息。服务器端运行结果如图 5-9 所示。

```
UDPServer (1) [Java Application] E:\Java\jre8\bin\javaw.exe
---服务器端---
```

图 5-9　UDPServer 类实例运行结果

下面编写实现客户端的代码。

例 5-9　运行 UDPClient 类实例。

代码如下:

```java
package UDPChat;
import java.io.IOException;
import java.net.DatagramPacket;
import java.net.DatagramSocket;
import java.net.InetAddress;
import java.net.SocketException;
import java.rmi.UnexpectedException;
import java.util.Scanner;
public class UDPClient
{
    public static void main(String[] args)
    {
        System.out.println("---客户端---");
        try
        {
            //实例化监听 8888 端口的 DatagramSocket 对象
            DatagramSocket client=new DatagramSocket(8888);
            Scanner scanner=new Scanner(System.in);
            //定义结束交互标志
            boolean flag=true;
            while (flag)
            {
                //获取客户端输入新消息
                String message=scanner.next();
                //将信息封装成字节数组
```

```java
            byte[] sendData=message.getBytes();
            //实例化发送数据包
            DatagramPacket sandPacket=new DatagramPacket(
                    sendData,sendData.length,
                    InetAddress.getLocalHost(), 9999);
            //向服务器端发送数据
            client.send(sandPacket);
            //定义接收数据的字节数组
            byte[] receiveData=new byte[1024];
            //实例化接收 DatagramPacket 对象
            DatagramPacket receivePacket=new DatagramPacket(
                    receiveData,receiveData.length);
            client.receive(receivePacket);
            //将接收的信息转化为字符串
            String str=new String(receivePacket.getData(), 0,
                    receivePacket.getLength());
            //输入接收信息
            System.out.println("服务器端:" + str);
            //客户端发送"bye"结束交互
            if (message.equals("bye"))
                flag=false;
        }
        //关闭 DatagramSocket 对象
        client.close();
    }
    catch (SocketException e)
    {
        e.printStackTrace();
    }
    catch (UnexpectedException e)
    {
        e.printStackTrace();
    }
    catch (IOException e)
    {
        e.printStackTrace();
    }
}
```

客户端运行结果如图 5-10 所示。

```
UDPClient (1) [Java Application] E:\Java\jre8\bin\javaw.exe
---客户端---
```

图 5-10　UDPClient 类实例运行结果

服务器端与客户端运行之后,由客户端向服务器端发送信息,并开始交互,运行结果如图 5-11、图 5-12 所示。

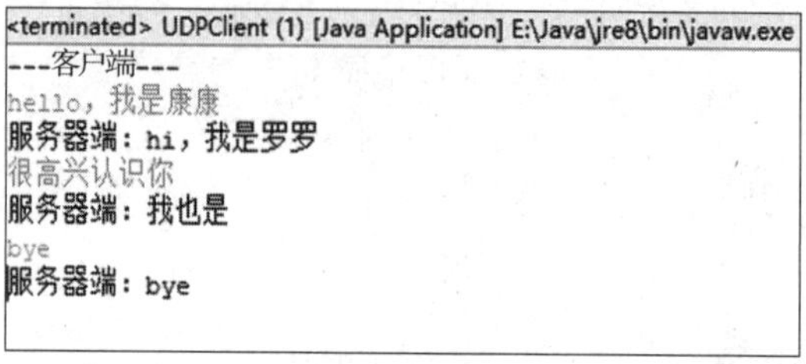

图 5-11 UDPClient 类运行界面

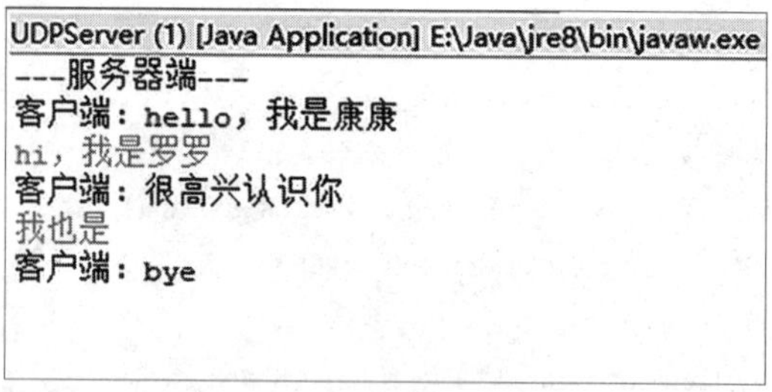

图 5-12 UDPServer 类运行界面

5.3.2 使用 TCP 实现上传文件功能

在之前的实例中介绍了 UDP、TCP 传输的单次交互,以及 UDP 的多次交互。在单次交互中,UDP 传输在发送或接收一次信息后,就退出程序。同理,TCP 传输在接收一次客户端连接并完成交互后,便退出程序。通过借鉴 UDP 多次交互的方法,循环使用 accept( )方法,多次接收客户端连接并完成多次交互。

在下面的实例中,通过 TCP 实现客户端向服务器端传输文件,先编写实现服务器端的代码。

例 5-10 运行 Server 端实例。

代码如下:

```java
package TCPUpload;
import java.io.BufferedReader;
import java.io.File;
import java.io.FileWriter;
import java.io.IOException;
import java.io.InputStreamReader;
import java.io.PrintWriter;
import java.net.ServerSocket;
import java.net.Socket;
public class Server
{
    public static void main(String[] args)
    {
```

```java
// 定义 ServerSocket 对象
ServerSocket server=null;
// 定义 Socket 对象
Socket client=null;
// 定义 PrintWriter 对象
PrintWriter writer=null;
// 定义接收键盘输入信息的 BufferedReader 对象
BufferedReader msgReader=null;
// 定义接收文件的 BufferedReader 对象
BufferedReader fileReader=null;
//定义输出流
PrintWriter out=null;
//定义传送信息
String message="";
String line="";
try
{
    System.out.println("---服务器---");
    //实例化 ServerSocket 对象,监听 8888 端口
    server=new ServerSocket(8888);
    System.out.println("服务器已启动!");
    //接收客户端连接
    client=server.accept();
    System.out.println("客户端:"+
        client.getLocalAddress().getHostName()+"已连接!");
    //实例化输出流
    out=new PrintWriter(client.getOutputStream(),true);
    System.out.println("客户端即将向你传送文件是否接收?(yes/no)");
        //获取键盘输入信息
    msgReader=new BufferedReader(
            new InputStreamReader(System.in));
    //读取键盘输入信息
    message=msgReader.readLine();
    //向客户端发送信息
    out.println(message);
    out.flush();
    if(message.equals("yes"))
    {
        //定义文件存储路径
        File file=new File("d:"+File.separator+"02.txt");
        //创建新文件
        file.createNewFile();
        //读取客户端传输文件
        fileReader=new BufferedReader(
                new InputStreamReader(client.getInputStream()));
        //实例化 PrintWriter 对象
        writer=new PrintWriter(new FileWriter(file),true);
```

```
                while ((line=fileReader. readLine()) ! =null)
                {
                    writer. println(line);
                }
                out. println("upload success. ");
            }
        }
        catch (IOException e)
        {
            e. printStackTrace();
        }
    }
}
```

程序运行结果如图 5-13 所示。

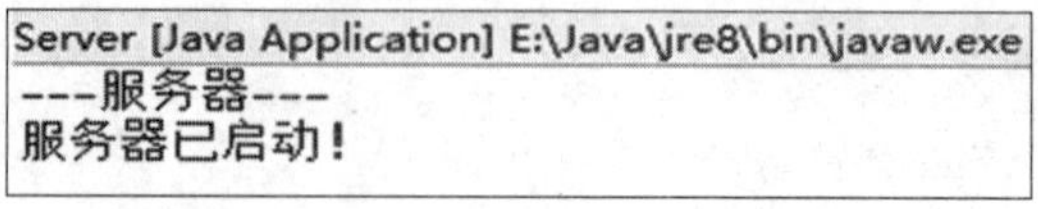

```
Server [Java Application] E:\Java\jre8\bin\javaw.exe
---服务器---
服务器已启动!
```

图 5-13 上传文件 Server 端实例运行结果

下面编写实现客户端的代码。
例 5-11 运行 Client 端实例。
代码如下：

```java
package TCPUpload;
import java. io. BufferedReader;
import java. io. File;
import java. io. FileReader;
import java. io. IOException;
import java. io. InputStreamReader;
import java. io. PrintWriter;
import java. net. Socket;
import java. net. UnknownHostException;
public class Client
{
    public static void main(String[] args)
    {
        Socket client=null;
        PrintWriter writer=null;
        // 定义接收信息的 BufferedReader 对象
        BufferedReader msgReader=null;
        // 定义接收文件的 BufferedReader 对象
        BufferedReader fileReader=null;
        // 定义输出流
        PrintWriter out=null;
        String Message="";
```

```java
        String line="";
        System.out.println("---客户端---");
        System.out.println("尝试连接到服务器...");
        try
        {
            // 实例化Socket对象,监听8888端口
            client=new Socket("localhost", 8888);
            // 实例化PrintWriter对象,输出后刷新缓冲区
            writer=new PrintWriter(client.getOutputStream(), true);
            System.out.println("服务器连接成功!");
            // 获取服务器输入信息
            msgReader=new BufferedReader(new InputStreamReader(
                    client.getInputStream()));
            Message=msgReader.readLine();
            out=new PrintWriter(client.getOutputStream(),true);
            if (Message.equals("yes"))
    {
            //需要上传文件的路径
            File file=new File("d:"+File.separator+"HelloWorld.txt");
            fileReader=new BufferedReader(new FileReader(file));
            while ((line=fileReader.readLine()) ! =null)
    {
                writer.println(line);
            }
            client.shutdownOutput();
            Message=msgReader.readLine();
            System.out.println(Message);
        } else
            {
            System.out.println("服务器拒绝接收文件! 文件传送失败!");
            msgReader.close();
            client.close();
            }
            fileReader.close();
            msgReader.close();
            client.close();
        }
        catch(UnknownHostException e)
        {
            e.printStackTrace();
        }
            catch (IOException e)
        {
            e.printStackTrace();
        }
    }
}
```

客户端运行后，程序结果如图 5-14 所示。

服务器端输入"yes"接收客户端传送的文件，程序运行结果如图 5-15 所示。

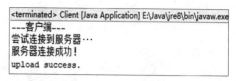

图 5-14　上传文件 Client 端实例运行结果　　　　图 5-15　文件传输界面

文件传输成功，如图 5-16 所示，退出程序。

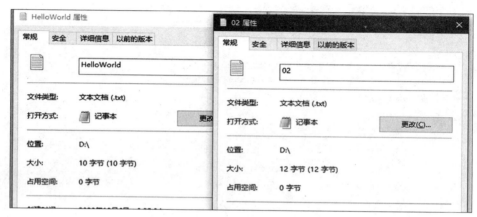

图 5-16　上传成功后文件展示

5.4　本章小结

本章主要介绍了 Java 网络编程的几个常用类。InetAddress 类用来表示主机 IP 地址的操作对象，用于获取主机 IP、主机名称等信息；URL 类用于解析 URL 的信息，如 URL 中的解析协议、端口和请求参数等。Java 使用 Socket 类与 ServerSocket 类实现 TCP 通信，ServerSocket 类用于服务器端，通过 accept( ) 方法接收客户端连接请求，通过 Socket 对象的输入、输出流进行读写操作，实现网络通信。用 DatagramSocket 类与 DatagramPacket 类实现 UDP 通信。DatagramSocket 类用于控制输入、输出流，进行读写操作；DatagramPacket 类用于封装发送数据包。

习　题

1. Socket 类的工作流程包含哪些步骤？
2. 简述 Socket 类在网络通信中的作用。
3. 编写一段程序，利用 URL 读取网络资源。
4. 简述 TCP 和 UDP 的区别。

5. 编写一个简单的 Socket 通信程序：

（1）客户端程序，从控制台输入字符串，发送到服务器端，并将服务器端返回的信息显示出来；

（2）服务器端程序，从客户端接收数据并打印，同时将从标准输入获取的信息发送给客户端；

（3）满足一个服务器可以服务多个客户。

第 6 章

Java 图像处理

/ 本章目标 /

- 了解数字图像、图像处理的基本概念。
- 了解 Java 图像处理类。
- 掌握图像的基本操作。
- 了解图像灰度变换、图像平滑、图像锐化等方法。
- 了解基于 K-Means 的图像分割算法。

/ 本章思维导图 /

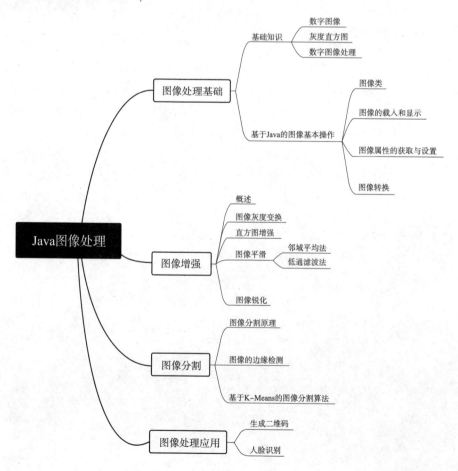

6.1 图像处理基础

6.1.1 基础知识

图像是自然界景物的客观反映，是人类获取和交换信息的主要来源，按照记录方式可以分为模拟图像和数字图像两大类。模拟图像处理主要是利用光学摄影处理、视频电路信号处理等方法对所获取的图像进行处理，具有实时处理的优点，但其处理过程不稳定、不具备图像理解能力，也不能用计算机进行处理。

随着科技的发展，数字图像和网络都进入了人们的日常生活。人们可以在计算机上浏览和处理数字图像，也可以通过网络传输、上传、下载数字图像。因此在现实生活中，应用更广泛的是数字图像。所谓数字图像就是将模拟图像转换成计算机能识别的数字化形式，用一个矩阵表示的图像。

为了更好地理解数字图像处理，下面介绍与其相关的基本术语和概念。

1. 数字图像

经过数字化后的图像是由许多大小相同、形状一致的像素组成，并用一个非负整数的二维矩阵 $f(x,y)$ 加以表示。其中 $1 \leq x \leq M$，$1 \leq y \leq N$，M，N 都是正整数，分别代表矩阵的行数和列数。对于给定的 x 和 y，图像中由坐标 (x,y) 表示的最小矩阵为像素，$f(x,y)$ 是其对应的像素值，像素值可以是灰度值、颜色值和亮度值。

2. 灰度直方图

任何一幅图像我们都可以认为其由不同灰度值的像素组成，因此图像中灰度的分布情况可以作为图像的一个重要特征，我们可以用图像的灰度直方图来描述图像中灰度分布情况。所谓灰度直方图就是对一幅图像所包含的全体像素的灰度值做统计，并用横坐标表示灰度，纵坐标表示图像中具有该灰度值的像素数目，然后绘制成相应的曲线。通过灰度直方图能够很直观地展示出图像中各个灰度级所占的多少。灰度直方图代表了图像的明暗程度、细节清晰度和动态范围等图像的整体性质，是图像质量的一种表现。根据灰度直方图可以推断图像的某些特征，或者通过改变灰度直方图的形状来达到增强图像对比度的效果。很多图像处理软件改变图像的质量就是应用了这一原理。

3. 数字图像处理

图像处理的目的是改善图像的质量，使它更便于人们观察和后续的图像分析、理解应用场景。一幅图像用矩阵表示后就可以用计算机对数字图像的矩阵进行各种运算，这就是数字图像处理。数字图像处理实现的过程可以概括为，利用计算机或其他数字设备对某个图像信息经过采样和量化后获得的二维函数进行一定的数学运算，以达到预期效果的技术。在日常生活中所提到的图像处理指的就是数字图像处理，它主要包括以下3个方面。

（1）图像增强。它能通过相关技术来增强图像中的有用信息，从而达到改变图像的灰度分布的目的，使图像更易于人们观看。如将一张比较暗的图像，经过增强处理后得到清晰的图像，如图6-1所示。

图 6-1　图像增强的效果示意

（a）增强前；（b）增强后

（2）图像分割。它是一种将图像中的目标（图像中特定的、具有特殊含义的物体或者区域）从背景中分离并进行处理的技术。它是图像分析与理解的前提，分割质量的好坏直接影响后续的处理步骤，如图 6-2 所示。

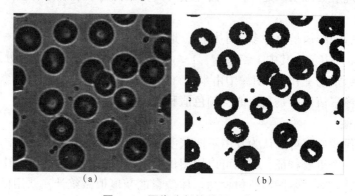

图 6-2　图像分割的效果示意

（a）分割前；（b）分割后

（3）图像复原。有些图像由于在拍摄的曝光时间内，景物与照相机之间产生了相对移动使图像变得比较模糊，应用图像复原技术就可以改进此类问题。

数字图像处理目前已广泛应用于计算机视觉、通信工程、工业和工程、军事公安、文化艺术、视频和多媒体系统、科学可视化、电子商务、生物医学工程等领域。

常见的 Photoshop、Fireworks 等图像处理应用软件的功能大多是为了改善视觉效果，不利于针对某个具体任务进行特殊的图像处理，如自动图像分割。因此，在实际应用中进行的图像处理，有时候需要使用高级程序语言来编写图像处理软件。为了能够将网络与数字图像联系起来，需要一种能支持网络编程的高级程序设计语言。而 Java 就是支持网络编程的高级程序设计语言，并且其具有简单性、面向对象、分布式、可解释、安全度高、可移植、性能优异、多线程、动态等特点。因此，Java 是一种新型的、可用于图像处理的高级程序设计语言，它提供了对图像的支持。目前已经有很多第三方公司利用 Java 编写第三方类库、插件，甚至是专门的图像处理软件。

6.1.2　基于 Java 的图像基本操作

1. 图像类

在 Java 程序中，一切皆是对象，图像也是对象，其由一个 Image 类对象来表示。进行图像处理时，需要使用到 Java 提供的图像基础包中的图像类提供的方法来帮助我们完成基本的操作，这些基本操作包括图像的载入和输出、图像的缩放、图像属性的获取与设置。常用的类有 java.awt.Toolkit 工具类、java.awt.image.BufferedImage 类和 javax.imageio.ImageIO 类等。

java.awt 包含了用于创建用户界面和绘制图形图像的所有类，ToolKit 工具类是一个抽象类，它是抽象窗口工具包（Abstract Window Toolkit，AWT）的工具箱，提供了 GUI 最底层的 Java 访问和许多修改窗口默认行为的方法。例如，从系统获取图像、屏幕分辨率、屏幕色彩模型，全屏的时候获得屏幕大小等。Image 类同样也是 java.awt 包下的一个抽象类，它提供了创建和修改图像的各种类，主要方法如下。

getGraphics()：用于获取描述此图像的图形对象。
getWidth(ImageObserver)：获取图像的实际宽度。
getHeight(ImageObserver)：获取图像的实际高度。
createImage()：用于生成图像对象。

Image 类是一个抽象类，因此不能直接使用 new 来生成 Image 对象。例如下面的示例代码是错误的：

```
Image img=new Image(width, height);   //错误代码示例
```

如果需要创建图像对象，则需要利用 createImage() 方法来生成图像对象。createImage() 方法提供了以下两种形式：

```
createImage(ImageProducer imgProd)
createImage(int width, int height)
```

第 1 种方法返回了一个由 imgProd 产生的图像，第 2 种方法返回了一个具有指定宽度和高度的空图像。

java.awt.image.BufferedImage 类是 Image 类的实现类，是一个带缓冲区的图像类，主要作用是将一幅图片加载到内存中，BufferedImage 类生成的图片在内存里有一个图像缓冲区，可以利用这个缓冲区更方便地操作图像。BufferedImage 类提供获得绘图对象、图像缩放、选择图像平滑度等方法，通常用来做图像大小变换、图像转换、设置透明度等操作。

javax.imageio 是 Java Image I/O API 的主要包，包含了 ImageIO 类。ImageIO 类提供了 read() 和 write() 静态方法用于读写图像，比以往的 InputStream 类读写更方便快捷。

上述提及的类库都是 Java JDK 提供给用户直接使用的，通常情况下需要用户经过较为复杂的操作才能完成相应的功能操作。为此，市场上涌现了许多第三方类库。例如，由 Jhlabs 开发的 Java Image Filters，其提供了各种常用的反转色、扭曲、水波纹、凹凸、黑白效果等图像处理效果；Google 开源的 Thumbnailator 类库用于批量生成缩略图。使用这些第三方类库只需要到相应的官网网站下载资源，并导入本地项目即可使用。

2. 图像的载入和显示

使用 Java 处理一幅数字图像，要先将预处理图像从磁盘或者网络中加载到计算机内存，然后将处理结果输出显示或者保存到本地磁盘、网络。Java 图像处理支持 GTF、JPEG 和 BMP 3 种主要图像文件格式。

Java 提供了多种载入图像的方法，主要是面向不同的 Java 程序，即 Java Application 和 Java Applet 两种。从前面的知识我们知道，Java Application 与 Java Applet 的区别是前者可以独立运行，而后者不能独立运行，但可以使用 Applet Viewer 或其他支持 Java 虚拟机的浏览

器运行 Java Applet 程序。下面介绍将图像载入内存和显示图像的方法。

在独立应用程序中，由于在 java.swing 包里的常用的组件 Frame、JFrame 和 JPanel 等类中没有直接提供 getImage() 方法，因此在它们载入图像时可以采用其他两种常见的载入图像方法。一种是利用 java.awt 提供的 Toolkit 类来实现，另一种是通过 javax.imageio.ImageIO 工具类来实现。

Toolkit 类提供了一个 getDefaultToolkit() 方法来获得一个 Toolkit 对象。getDefaultToolkit() 方法声明：public static Toolkit getDefaultToolkit()：获得 Toolkit 对象后，可以应用该类提供的 getImage() 方法来载入图像，它可以接收 String 或者是 URL 参数，用以指定图像文件的路径。代码如下：

```
Image image = Toolkit.getDefaultToolkit().getImage(String filename);
Image image = Toolkit.getDefaultToolkit().getImage(URL url);
```

可以利用 getImage() 方法载入当前目录下的子目录 images 中的图像 Lena.gif。代码如下：

```
Image img = Toolkit.getDefaultToolkit().getImage("images/Lena.gif");
```

若希望将载入的图像能够在窗口中显示出来，则需要使用 Graphics 类中的 drawImage() 方法。drawImage() 方法有以下几种形式，如表 6-1 所示。

表 6-1 drawImage() 方法

方法	说明
boolean drawImage(Image img, int x, int y, ImageObserver observer)	在左上角 (x, y) 位置绘制 Image 对象 img。其中 observer 是加载图像时的图像观察器
boolean drawImage(Image img, int x, int y, Color bgcolor, ImageObserver observer)	以 bgcolor 为显示图像底色在左上角 (x, y) 位置绘制 Image 对象 img
boolean drawImage(Image img, int x, int y, int width, int height, ImageObsever observer)	在左上角 (x, y) 位置绘制 Image 对象 img。其中 width 和 height 是显示图像的矩形区域，当这个区域与图像的大小不同时，显示图像就会有缩放处理
boolean drawImage(Image img, int x, int y, int width, int height, Color bgcolor, ImageObsever observer)	以 bgcolor 为显示图像底色在左上角 (x, y) 位置绘制可缩放处理的 Image 对象 img

调用 drawImage() 通常需要重写组件用于显示图像信息的 paint() 方法。例 6-1 给出了一个在 Java Application 中读取和显示图像的代码示例，程序运行结果如图 6-3 所示。

例 6-1 读取和显示图像。

代码如下：

```java
import javax.swing.*;
import java.awt.*;
public class DisplayImage extends JFrame
{
    public Image img;
    public DisplayImage()
    {
        img = Toolkit.getDefaultToolkit().getImage("pictures/lena.jpg");
    }
```

```
        //重写实现 paint()方法
        public void paint(Graphics g)
    {
        g. drawImage(img,0,0,this);
    }
        public static void main(String args[])
    {
        DisplayImage ds=new DisplayImage();
        ds. setTitle("MyFrame");        //设置窗口相关属性
        ds. setDefaultCloseOperation(ds. EXIT_ON_CLOSE);
    //定义 JFrame 关闭时的操作(必需),有效避免不能关闭后台当前框体进程的问题
        ds. setSize(512, 512);          //设置窗口的大小
        ds. setVisible(true);    //设置窗口可见
    }
}
```

图 6-3　用 Java Application 中读取和显示图像效果

另外一种载入图像的方法是通过 javax. imageio. ImageIO 工具类来实现。javax. imageio. ImageIO 工具类提供了一组静态方法进行最简单的图像 I/O 操作,其中 read()静态方法可以读取本地、网络或内存中的图像。read()方法可以接收 3 种不同的参数类型,如表 6-2 所示。

表 6-2　ImageIO 提供的 read()方法

方法	说明
ImageIO. read(File file)	从文件载入图像文件
ImageIO. read(URL url)	从指定 URL 地址载入图像
ImageIO. read(InputStream input)	根据输入流载入图像文件

例 6-2　利用 read( )方法载入图像。

代码如下：

```java
import javax.imageio.ImageIO;
import javax.swing.*;
import java.awt.*;
import java.io.*;
import java.net.*;
public class DisplayUseRead extends JFrame
{
    BufferedImage img=null;
    public DisplayUseRead()
    {
        try
        {
            // 从图像文件载入图像
            File f=new File("pictures/lena.jpg");
            img=ImageIO.read(f);
            // 从输入流载入图像
            InputStream input=new BufferedInputStream(
                    new FileInputStream("pictures/baboon.jpg"));
            img=ImageIO.read(input);
            // 从 URL 载入图像
            URL url=new URL("https://www.runoob.com/
                    wp-content/uploads/2013/12/java.jpg");
            img=ImageIO.read(url);
        }
        catch (IOException e)
        {
            e.printStackTrace();
        }
    }
}
```

ImageIO 工具类不仅载入图像简洁快速，保存图像也同样简单，使用 write( )静态方法就可以快速地保存图像，代码如下：

```java
File outf=new File("out/images/myimage.png");
ImageIO.write(img, "png", outf);
```

在 Java 程序中，建议使用 ImageIO 工具类提供的方法载入图像。因为通过 ImageIO 工具类载入的图像是一个 BufferedImage 对象，BufferedImage 类提供了更丰富的 API 对图像进行相关操作。BufferedImage 类提供的 API 接口——BufferedImageOp，该接口提供了操作图像像素的功能，利用该接口可以实现不同的图像显示效果。

BufferedImageOp 接口提供了 createCompatibleDestImage（）、filter（）、getBounds2D（）、getPoint2D（）、getRenderingHints（）等方法。其中使用最多的是 filter（）方法，主要用于对 BufferedImage 对象执行单输入/单输出操作。BufferedImageOp 接口的 5 个实现类，即 Affine-TransformOp、ConvolveOp、ColorConvertOp、RescaleOp 和 LookupOp 都实现了该方法，如表 6-3 所示。

表 6-3 BufferedImageOp 接口的实现类

类名称	说明
AffineTransformOp	提供图像旋转、放大缩小、错切操作
ConvolveOp	实现图像卷积、模糊、边缘提取操作
ColorConvertOp	实现像素灰度功能操作
RescaleOp	调整图像对比度、亮度功能操作
LookupOp	实现图像像素颜色的各种转换、反色等操作

3. 图像属性的获取与设置

在进行图像处理时，必不可少地要对图像的属性进行获取和设置，以获得所需的处理效果。图像的属性是指图像的大小、高度和宽度、压缩和存储格式等。进一步提取可以包括颜色空间、直方图、亮度、像素值和透明通道。图像属性是图像的基础数据，通常需要通过改变图像的属性来实现图像处理，从而达到各种视觉效果。下面先简单介绍这些基本属性，然后通过获取并改变这些基本属性实现对图像的一些简单处理，以达到不同的视觉效果。

（1）图像的宽度和高度。

图像的宽度和高度是图像的基本属性信息。在图像处理过程中，第一步需要获取图像的宽度和高度。Java 可以通过 BufferedImage 对象非常容易地获取图像的宽度和高度，代码如下：

```
int width = img.getWidth();
int height = img.getHeight();
```

（2）图像的颜色空间。

颜色空间又称为色彩空间，它也是图像一个非常重要的属性，其对图像的显示与处理有很大的影响。有些图像处理的方法和技术只能在特定的颜色空间下才能得到较好的结果，常见的图像颜色空间类型包括 RGB、Lab、HSV、YCrCb 等。在一般的图像处理中，使用最多的是 RGB 颜色空间。为方便读者理解，下面简单介绍 RGB 颜色空间。

在自然界中，我们看到的任意一种颜色均是混合而成的色彩，它们都是由红、绿、蓝 3 种色光混合叠加后的效果。RGB 颜色空间就是以红、绿、蓝 3 种颜色为基本色进行不同程度地叠加产生一种新颜色的颜色模型，俗称三基色模式。RGB 颜色空间是很多图像处理程序采用的颜色模型。3 个基本色的取值范围为 0~255。

对于 RGB 颜色空间，Java 提供了 Color 类来定义有关颜色的常量和方法，其构造方法有 3 种不同的重载，具体如表 6-4 所示。

表 6-4　Color 类的构造方法

构造方法	说明
public Color(int r, int g, int b)	使用在 0~255 范围内的整数来指定红、绿、蓝 3 种颜色的比例，创建 Color 对象
public Color(float r, float g, float b)	使用在 0.0~1.0 范围内的浮点数来指定红、绿、蓝 3 种颜色的比例，创建 Color 对象
public Color(int rgb)	使用指定的组合 RGB 创建 Color 对象

Java 提供的上述 3 种构造方法用不同的方式确定了 RGB 的比例。可以从 256×256×256 种颜色中进行选择。但不论使用哪个构造方法创建的 Color 对象，都需要指定新建颜色中的红、绿、蓝 3 种颜色的比例。

Color 类的成员方法和数据成员常量如表 6-5 和表 6-6 所示。

表 6-5　Color 类的成员方法

成员方法	说明
public int getRGB( )	获得对象的 RGB 值
public int getRed( )	获得对象的红色分量
public int getGreen( )	获得对象的绿色分量
public int getBlue( )	获得对象的蓝色分量

表 6-6　Color 类的数据成员常量

数据成员常量	颜色	RGB 值
public final static Color red	红	255, 0, 0
public final static Color green	绿	0, 255, 0
public final static Color blue	蓝	0, 0, 255
public final static Color black	黑	0, 0, 0
public final static Color white	白	255, 255, 255
public final static Color yellow	黄	255, 255, 0

(3) 图像的像素值。

图像的像素值可以是灰度值、颜色值，它是图像中重要的属性之一。在图像处理过程中，基本上都需要对图像的像素值做各种运算。所以如何正确获取像素值，对后续的处理步骤很关键。提取图像的像素值在不同的编程语言中通常都有对应的 API 接口。在 Java 中，提取图像的像素数据可以利用 BufferedImage 对象的 Raster 组件得到。Raster 对象是 BufferedImage 对象的像素数据存储对象，利用 Raster 对象可以快速地获得任意位置像素点的像素值。Raster 对象提供了 getRGB( ) 方法获得全部像素数据，方法声明如下：

public int[] getRGB(BufferedImage image, int x, int y, int width, int height, int[] pixels);

其中，image 是 BufferedImage 对象的实例化引用；x、y 表示开始的像素点；width 是像素宽度；height 是像素高度；pixels 数组是用于存放获取的像素数据。

Raster 对象也提供了 setRGB( )方法将像素数据写入 BufferedImage 对象，setRGB( )方法声明如下：

> public void setRGB (BufferedImage image, int x, int y, int width, int height, int[] pixels);

（4）图像的亮度、对比度和饱和度。

在众多的图像处理软件处理与美化图像的过程中，经常接触到 3 个重要的属性，分别是图像的亮度、对比度和饱和度。在进行图像处理时需要对这 3 个属性进行编辑调整，那什么是图像的亮度、对比度和饱和度呢？

图像亮度是指图像灰度值的强度，其取值范围为 0~255，强度由小到大表示为黑色到白色，白色的亮度最大。对于一幅 RGB 图像而言，当图像在 R、G、B 3 个通道上的值都是 0 时，表示黑色；反之都是 255，表示白色。如果要对 RGB 图像的亮度进行调整，则意味着是图像的像素值在 RGB 的 3 个分量上计算平均值并乘以亮度系数，当该亮度系数为 1 时表示亮度没有变化，小于 1 时则表示调整后的图像会比原图像要暗，大于 1 时则表示调整后的图像比原图像要亮。

图像对比度则是指像素值之间的差异程度，如果差异显著则能突出图像的细节，差异小则隐藏细节。对于一幅 RGB 图像，调整图像的对比度是按以下方法进行的。

① 计算 RGB 图像像素的 3 个分量的平均值。

② 对于图像上的每个像素，用像素值减去平均值。

③ 对②步骤的结果乘以一个对比度系数。其中当对比度系数为 1 时表示不做对比度调整，小于 1 时则降低对比度，大于 1 时则提高对比度。

④ 对于图像上的每一个像素，用③步骤的结果加上①步骤的计算出的 3 个 RGB 分量的平均值，得到调整后的像素值。

⑤ 对像素做归一化处理，确保像素值范围为 0~255。

图像的饱和度主要用于调整图像的色彩度，它是 HSV/HSL 颜色空间的饱和度分量。因此如果要调整图像的饱和度则需要在 HSV/HSL 颜色空间下进行。对于 RGB 图像而言，则需要先将图像转换为 HSV/HSL 颜色空间后再进行调整，调整完成后转回 RGB 颜色空间。本书的源代码文件 ComBufferedImageOp. java 给出了颜色空间的转换方法参考代码，调整图像的饱和度会使图像看起来更明亮或者暗淡无光。

例 6-3 利用 Java 调整图像的亮度、对比度和饱和度。

代码如下：

```
import java. awt. image. BufferedImage;
public class AdjustBCS
{
    private double contrast;
    private double brightness;
    private double saturation;
    //构造方法,参数为调整后的图像对比度、亮度和饱和度
    public AdjustBCS(double contrast,double brightness, double saturation)
    {
        this. contrast = contrast;
        this. brightness = brightness;
```

```java
        this.saturation=saturation;
}
//调整方法核心代码
public BufferedImage filter(BufferedImage src, BufferedImage dest)
{
    Normalizationparameters();
    int width=src.getWidth();
    int height=src.getHeight();
    if ( dest==null )
        dest=ComBufferedImageOp.createCompatibleDestImage( src, null );
    int[] inPixels=new int[width* height];
    int[] outPixels=new int[width* height];
    ComBufferedImageOp.getRGB( src, 0, 0, width, height, inPixels );
    int index=0;
    for(int row=0; row<height; row++)
    {
        int transparency=0, treg=0, tgreen=0, tblue=0;
        for(int col=0; col<width; col++)
        {
            //读取一个像素的RGB值
            index=row * width + col;
            transparency=(inPixels[index] >> 24) & 0xff;   //透明度
            treg=(inPixels[index] >> 16) & 0xff;    //红色分量
            tgreen=(inPixels[index] >> 8) & 0xff;   //绿色分量
            tblue = inPixels[index] & 0xff;         //蓝色分量
            //将图像转到HSL颜色空间
            double[] hsl = ComBufferedImageOp.rgb2Hsl(new int[]{treg, tgreen, tblue});
        }
        // 调整饱和度
        hsl[1]=hsl[1]* saturation;
        if( hsl[1] < 0.0 )
        {
            hsl[1]=0.0;
        }
        if( hsl[1] > 255.0)
        {
            hsl[1]=255.0;
        }
        // 调整亮度
        hsl[2]=hsl[2]* brightness;
        if( hsl[2] < 0.0 )
        {
            hsl[2] = 0.0;
        }
        if( hsl[2] > 255.0)
        {
```

```java
                    hsl[2] = 255.0;
                }
                // 将图像从HSL转回RGB颜色空间
                int[] rgb = ComBufferedImageOp.hsl2RGB(hsl);
                treg = adjustvaluerange(rgb[0]);
                tgreen = adjustvaluerange(rgb[1]);
                tblue = adjustvaluerange(rgb[2]);
                // 调整对比度
                double cr = ((treg /255.0d) - 0.5d) * contrast;
                double cg = ((tgreen /255.0d) - 0.5d) * contrast;
                double cb = ((tblue /255.0d) - 0.5d) * contrast;
                // 输出RGB值
                treg = (int)((cr + 0.5f) * 255.0f);
                tgreen = (int)((cg + 0.5f) * 255.0f);
                tblue = (int)((cb + 0.5f) * 255.0f);
                // 设置一个像素的RGB值,transparency为透明度的值,
                outPixels[index] = (transparency << 24) | (adjustvaluerange(treg) << 16) | (adjustvaluerange(tgreen) << 8) | adjustvaluerange(tblue);
            }
        }
        ComBufferedImageOp.setRGB(dest, 0, 0, width, height, outPixels);
        return dest;
    }
    //归一化处理参数
    private void Normalizationparameters()
    {
        contrast = (1.0 + contrast/100.0);
        brightness = (1.0 + brightness/100.0);
        saturation = (1.0 + saturation/100.0);
    }
    public int adjustvaluerange(int value)
    {
        return value > 255 ? 255 :
            (value < 0 ? 0 : value);
    }
    public static void main(String[] args) throws IOException
    {
        BufferedImage srcimg = null;
        BufferedImage dstimg = null;
        File readfile = new File("pictures/fruits.jpg");
        File writefile = new File("out/images/newfruits.jpg");
        String formatname = "jpg";
        srcimg = ComBufferedImageOp.readImageFile(readfile);
        AdjustBCS ad = new AdjustBCS(50,44,20);
        dstimg = ad.filter(srcimg, dstimg);
        ComBufferedImageOp.writeImageFile(dstimg, writefile, formatname);
    }
}
```

调整图像亮度、对比度和饱和度的前后效果如图 6-4 所示。

（a） （b）

图 6-4 调整图像亮度、对比度和饱和度的效果
（a）原 fruits 图像；（b）调整亮度、对比度和饱和度后的效果

为了实现代码重用，在上述代码示例中，把部分对像素值的操作，如获取像素值、设置像素值、颜色空间转换、文件读入/写出等操作放到了公共类中。

4. 图像转换

由于彩色图像包含信息量大、处理速度较慢，因此在一些图像处理应用中，通常需要将灰度图像作为输入图像类型。在数字图像表示中，灰度图像只使用一个颜色通道，可以大大减少程序的计算量和运行时间。灰度图像是利用灰度来描述图像的内容，对每个像素点的灰度值的量化级数目用 K 来表示，它指黑白图像中点的颜色深度。当 $K=256$ 时，灰度值的范围为 0~255，总共 256 个灰度级别。黑色为 0，白色为 255，用无符号数据类型表示。图像中的灰度是图像内容最直接的视觉特征，图像灰度化处理可以作为图像处理的预处理步骤，为之后的图像分割、识别和分析等上层操作做准备。

将彩色图像转换为灰度图像，可以使用 BufferedImageOp 接口的 colorConvertOp 实现类提供的像素灰度功能。直接调用方法类中的 filter() 方法就可以实现图像转换，方法实现如例 6-4。

例 6-4 将彩色图像转换为灰度图像。

代码如下：

```
public static BufferedImage Rgb2Gray(BufferedImage srcImage, RenderingHints hints)
{
    BufferedImage dstImage=new    BufferedImage(srcImage.getWidth(), srcImage. getHeight(), srcImage. get-Type());
    ColorSpace gray= ColorSpace. getInstance ( ColorSpace. CS_ GRAY);
    ColorConvertOp colorConvertOp   =   new   ColorConvertOp ( gray, hints );
    colorConvertOp. filter ( srcImage, dstImage );
    return   dstImage;
}
```

彩色图像转换为灰度图像的效果如图 6-5 所示。

图 6-5 彩色图像转换为灰度图像的效果

实际上，也可以利用平均法、最大/最小平均法、加权平均法等对彩色图像做灰度化处理，其中最简单的方法是直接利用平均法，将彩色图像中同一个像素位置 RGB 上 3 个通道的值进行平均后即可得到灰度值。例 6-5 就是利用平均法将彩色图像转换为灰度图像，程序运行后的图像效果与图 6-5 相同。

例 6-5 利用平均法将彩色图像转换为灰度图像。

代码如下：

```java
import javax.imageio.ImageIO;
import java.awt.image.BufferedImage;
import java.io.File;
import java.io.IOException;
public class RGB2Gray
{
    static String filename="lena", directory="D:\\pictures", fileFormat="jpg";// 要变换的图像路径名+文件名
    public static void main(String args[]) throws IOException, Exception
    {
        File input=new File(directory + "\\" + filename + "." + fileFormat);
        BufferedImage img=ImageIO.read(input);
        grayImage(img);
    }
    public static BufferedImage grayImage(BufferedImage img) throws IOException
    {
        File file=null;
        try
        {
            int width=img.getWidth();
            int height=img.getHeight();
```

```java
            for (int j=0; j < height; j++)
            {
                for (int i=0; i < width; i++)
                {
                    int p=img. getRGB(i, j);
                    int ta=(p >> 24) & 0xff;
                    int tr=(p >> 16) & 0xff;
                    int tg=(p >> 8) & 0xff;
                    int tb=p & 0xff;
                    int avg=(tr + tg + tb) / 3;
                    p=(ta << 24) | (avg << 16) | (avg << 8) | avg;
                    img. setRGB(i, j, p);
                }
            }
            file=new File("out/images/"+ filename +"new"+ ". " + fileFormat);
            ImageIO. write(img, "jpg", file);
        }
        catch (IOException e)
        {
            e. printStackTrace();
        }
        return img;
    }
}
```

6.2 图像增强

6.2.1 概述

在图像的形成过程中，由于照明光场发生变化会引起图像灰度值的改变，造成图像质量的下降。为了改善图像的质量，可以通过改变图像的灰度分布来改善图像的质量，改变图像灰度分布的技术我们统称为图像增强技术。

在图像增强过程中，主要是通过有目的地强化或突出图像的局部特性，压制甚至去除图像的另一部分信息。例如，去除各类噪声和畸变等使图像质量劣化的各种因素，以便更容易地从图像中提取所包含的有用信息，达到改善图像的视觉效果、改善后续图像分析和识别流程的结果质量的目的，如改善图像模糊、太暗、太亮等状况。

图像增强也是图像分析和识别的一种预处理方式，可以在空间域或频域实现。空间域方法直接针对像素灰度值进行运算处理，频域技术则在图像的某种变换域内对图像的变换值进行运算。例如，利用傅里叶变换，增强图像频谱中的某种频率分量，然后对处理结果进行傅里叶逆变换。本节主要介绍空间域中的图像增强方法，包括图像灰度变换、直方图增强、图像平滑、图像锐化。

6.2.2 图像灰度变换

如果一幅图像灰度的对比度差，那么该图像的质量就不好。在一些应用场合，为了改善图像灰度的对比度，从而使图像变得更加清晰、图像上的特征更加明显，就需要将图像灰度级的整个范围或一段范围扩展、压缩到显示设备的动态范围内。例如，在摄像中，当摄影环境光源特别灰暗时，拍摄出来的相片就会出现看不清楚的情况，这是因为整幅图像的灰度值都偏小；当摄影环境光源特别强烈造成过亮时，拍摄出来的相片就会特别泛白。这些相片都是不符合我们的需求的。为了改善这种灰度值过小或过大等问题，可以通过灰度变换来对图像的灰度值进行调整，调整至合适程度，使处理后的图像变得清晰。灰度变换增强可以细分为线性灰度变换和非线性灰度变换两种类型。其中线性灰度变换比较常用，也非常容易实现，下面介绍线性灰度变换一般形式。

如果 $f(x,y)$ 表示原图像的灰度值，$g(x,y)$ 表示经过变换增强后的图像灰度值，则 $f(x,y)$ 和 $g(x,y)$ 之间的变换关系表达式为

$$g(x,y) = T(f(x,y)) \tag{6-1}$$

在式（6-1）中，我们关注的是变换函数 T，下面分情形讨论如何改变灰度分布。第 1 种情形是如果想直接使一幅图像整体变亮或者变暗，也就是将原图像的灰度值整体变大或者变小，那么这是非常容易实现的，可以直接通过在原图像的像素值的基础上进行加减灰度值就能够完成。那么式（6-1）可以变为

$$g(x,y) = f(x,y) + b \quad (-255 \leq b \leq 255) \tag{6-2}$$

式（6-2）中，b 为要加减的灰度值，如果 $b<0$ 则表示图像整体变暗；如果 $b>0$ 则表示增加图像的灰度值，那么整幅图像会变亮。

第 2 种情形是仅需对一幅图像内部的像素灰度对比度进行改变，也就是将原图像中的像素灰度值对比度进行扩展或者收缩。针对这一情况我们可以通过在原图像的像素值的基础上乘以一个系数来实现。那么式（6-1）可以变为

$$g(x,y) = \lambda f(x,y) \tag{6-3}$$

式（6-3）中，λ 是一个常数，如果 $\lambda>0$ 则表示增强原图像的对比度；反之，则降低原图像的对比度。

最后一种情形是对于一幅复杂图像，既需要对图像进行整体的调暗或者调亮，又要调整图像内容的对比度以凸显细节。针对此类情况，那就需要在变换函数中同时考虑调整对比度和像素灰度值。此时，我们可以将式（6-1）变为

$$g(x,y) = \lambda f(x,y) + b \tag{6-4}$$

式（6-4）即为线性灰度变换的一般数学形式。利用 Java，可以实现图像的灰度变换。根据式（6-4），取 $\lambda=1.1$，$b=30$，可以实现对图像灰度的线性变换，如例 6-6 所示，程序运行后的图像效果如图 6-6 所示。

例 6-6 实现对图像灰度的线性变换。

代码如下：

```
import javax.imageio.ImageIO;
import java.awt.image.BufferedImage;
import java.awt.image.ColorModel;
import java.awt.image.PixelGrabber;
```

```java
import java.io.File;
import java.io.IOException;
public class LineGrey
{
    static String directory="D:\\pictures", filename="pout", fileFormat="png";    // 要变换的图像路径名+文件名
    static int[] pixels;    // 图像所有像素点
    static double lamda=1.1;
    static double b=30;
    public static void main(String args[]) throws IOException, Exception
    {
        File input=new File(directory + "\\" + filename + "." + fileFormat);
        BufferedImage img = ImageIO.read(input);
        linearConversion(img);
    }
    public static void linearConversion(BufferedImage img)
    {
        int width=img.getWidth();
        int height=img.getHeight();
        pixels=new int[width * height];
        BufferedImage grayImageNew=new BufferedImage(width, height, BufferedImage.TYPE_BYTE_GRAY);
        try
        {
            PixelGrabber pg=new PixelGrabber(img, 0, 0, width, height, pixels, 0, width);
            pg.grabPixels();    // 将该灰度化后的图像所有像素点读入 pixels 数组
        }
        catch (InterruptedException e)
        {
            e.printStackTrace();
        }
        //获得图像的 RGB 值和 Alpha 值
        ColorModel cm=ColorModel.getRGBdefault();
        for (int i = 0; i < width * height; i++)
        {
            int alpha=cm.getAlpha(pixels[i]);
            int red=cm.getRed(pixels[i]);
            int green=cm.getGreen(pixels[i]);
            int blue=cm.getBlue(pixels[i]);
            //对图像进行线性拉伸，alpha 值保持不变,增加了图像的亮度
            red=(int) (lamda * red + b);
            green=(int) (lamda * green + b);
            blue=(int) (lamda * blue + b);
            if (red >= 255)
                red=255;
```

```
            if (green >= 255)
                green=255;
            if (blue >= 255)
                blue=255;
            pixels[i]=alpha << 24 | red << 16 | green << 8 | blue;
    }
    grayImageNew. setRGB(0, 0, width, height, pixels, 0, width);
    //将数组中的像素产生一个图像
    File f=new File("out/images/" + filename + "gray" + "." + fileFormat);
    try
    {
        ImageIO. write(grayImageNew, fileFormat, f);
        // 在原路径下输出线性变换后的图像
    }
    catch (Exception e)
    {
        e. printStackTrace();
    }
}
```

(a)　　　　　　　　　　　(b)

图 6-6　线性灰度变换的效果

(a) pout 原图像；(b) 取 $\lambda=1.1$，$b=30$ 进行变换后的效果

6.2.3　直方图增强

图像的灰度直方图给出了图像的总体特征描述。如何按照特定的方式对给定图像的直方图进行修改，使其某些部分的灰度得到增强，这是直方图增强技术所要解决的主要问题。直方图增强技术通常包括直方图均衡化和直方图规定化两种，其中直方图均衡化能够自动地增强整个图像的对比度，使原图像的直方图变成均匀分布的直方图，达到图像增强的目的。在

一般的图像处理中直方图均衡化通常作为预处理步骤使用。下面介绍对于一幅 RGB 颜色空间下的图像做直方图均衡化的大致的步骤。

(1) 输入原图像，获取像素 RGB 颜色值。
(2) 将像素从 RGB 颜色空间转换到 HSL 颜色空间。
(3) 计算 I 分量的直方图统计数据。
(4) 按照均衡化公式 $G_k = S(r_k) = \sum_{i=0}^{k} \frac{n_i}{n}$ 计算变换后的直方图。其中，n_i 为图像各灰度级的像素数目，n 为图像中所有的像素数目。
(5) 将像素从 HSL 颜色空间转回 RGB 颜色空间。

例 6-7 给出利用 Java 实现直方图均衡化的例子，程序运行后的图像效果如图 6-7 所示。

例 6-7 利用 Java 实现直方图均衡化。

代码如下：

```java
import java.awt.image.BufferedImage;
public class histogramEqualization
{
    int width;
    int height;
    BufferedImage srcimg=null;
    //构造方法
    public histogramEqualization(BufferedImage srcimg)
    {
        this.srcimg=srcimg;
        width=srcimg.getWidth();
        height=srcimg.getHeight();
    }
    //均衡化核心方法
    public BufferedImage histEqualizationfilter()
    {
        int[] rgbPixels=new int[width * height];
        double[][] hsiPixels=new double[3][width * height];
        int[] outPixels=new int[width * height];
        ComBufferedImageOp.getRGB(srcimg, 0, 0, width, height, rgbPixels);
        int[] srciHE=new int[256];          // RGB
        int[] newiHE=new int[256];          // 均衡化后的直方图
        for (int j = 0; j < 256; j++)
        {
            srciHE[j]=0;
            newiHE[j]=0;
        }
        int index=0;
        int totalPixelNumber=height * width;
        for (int row=0; row < height; row++)
        {
            int ta=0, tr=0, tg=0, tb=0;
```

```java
            for (int col=0; col < width; col++)
            {
                index=row * width + col;
                ta=(rgbPixels[index] >> 24) & 0xff;
                tr=(rgbPixels[index] >> 16) & 0xff;
                tg=(rgbPixels[index] >> 8) & 0xff;
                tb=rgbPixels[index] & 0xff;
                double[] hsi=ComBufferedImageOp. rgb2HSI(new int[]{tr, tg, tb});
                srciHE[(int) hsi[2]]++;    //计算 I 分量
                hsiPixels[0][index]=hsi[0];
                hsiPixels[1][index]=hsi[1];
                hsiPixels[2][index]=hsi[2];
            }
        }
        // 生成 RGB 图像直方图
        generateHEData(newiHE, srciHE, totalPixelNumber, 256);
        for (int row=0; row < height; row++)
        {
            int ta=255, tr=0, tg=0, tb=0;
            for (int col=0; col < width; col++)
            {
                index=row * width + col;
                double h=hsiPixels[0][index];
                double s=hsiPixels[1][index];
                double i=newiHE[(int) hsiPixels[2][index]];
                int[] rgb=ComBufferedImageOp. hsi2RGB(new double[]{h, s, i});
                tr=ComBufferedImageOp. adjustvaluerange(rgb[0]);
                tg=ComBufferedImageOp. adjustvaluerange(rgb[1]);
                tb=ComBufferedImageOp. adjustvaluerange(rgb[2]);
                outPixels[index]=(ta << 24) | (tr << 16) | (tg << 8) | tb;
            }
        }
        ComBufferedImageOp. setRGB(srcimg, 0, 0, width, height, outPixels);
        return srcimg;
}
//统计直方图
private void generateHEData(int[] newHE, int[] oldHE, int totalPixelNumber, int grayLevel)
    {
        for (int i=0; i < grayLevel; i++)
        {
            newHE[i]=getRate(oldHE, totalPixelNumber, i);
        }
    }
```

```java
//获取灰度级 i 的强度比例
private int getRate(int[] grayHE, double totalPixelNumber, int index)
{
    double sum=0;
    for (int i=0; i <= index; i++)
    {
        sum += ((double) grayHE[i]) / totalPixelNumber;
    }
    return (int) (sum * 255.0);
}
```

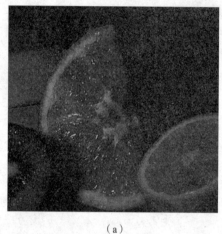

(a)　　　　　　　　　　　　　　　　　(b)

图 6-7　直方图均衡化的效果

(a)　原 fruits 图像；(b)　直方图均衡化后的效果

HSL 颜色空间与 RGB 颜色空间的互转方法可参考本书的 ComBufferedImageOp.java 文件。

6.2.4　图像平滑

　　数字图像的获取经过采集、处理、存储、传输等加工变换，不可避免地会受到电气系统或者外部引入的干扰影响，并产生噪声，严重影响图像的质量。图像噪声会严重影响图像分析的复杂度和精确度。对图像噪声进行消除的过程就称为图像的平滑处理，它是一种信号滤波的方法。图像平滑也称为"模糊处理"，是一项简单且使用频率很高的图像处理方法。平滑处理的用途有很多，但最常见的是用来减少图像上的噪声或者失真。在降低图像分辨率时，平滑处理是很重要的。平滑处理方法可以大致分为两类：一是在空间域内处理；二是在频域内处理。其中，经过观察灰度分布来描述一幅图像称为空间域，观察图像变化的频率被称为频域。图像的平滑处理同样也是一种图像预处理手段，在航空航天、生物医学领域具有广泛的应用。下面介绍两种常用的图像平滑处理方法。

1．邻域平均法

　　空间域的平滑滤波一般采用简单平均法，其基本思想是，由于噪声使图像上的一些像素点的灰度造成突变，那么就以这样的像素点为中心取其邻域，用邻域内其他像素点的灰度平均值来代替要处理的像素点的灰度,其结果对亮度突变的像素点产生了"平滑"的效果。假设图 6-8 是在某一图像中取的一个邻域,其中,中心位置的像素点 (i,j) 被认为是噪声点,$f(i,j)$ 是其对应的像素灰度值,进行平滑操作就是以像素点 (i,j) 为中心取其 8 个邻域,那么在处理后的图像中像素点 (i,j) 的灰度值 $f'(i,j)$ 为

$$f'(i,j)=\frac{1}{8}[f(i-1,j-1)+f(i-1,j)+f(i-1,j+1)+f(i,j-1)+f(i,j+1)$$
$$+f(i+1,j-1)+f(i+1,j)+f(i+1,j+1)] \tag{6-5}$$

$f(i-1,j-1)$	$f(i-1,j)$	$f(i-1,j+1)$
$f(i,j-1)$	$f(i,j)$	$f(i,j+1)$
$f(i+1,j-1)$	$f(i+1,j)$	$f(i+1,j+1)$

图 6-8 领域平均法原理示意

对上述方法加以推广,若已知一幅 $M \times N$ 的图像 $f(x,y)$,其中 $1 \leq x \leq M$,$1 \leq y \leq N$,M 和 N 都是正整数。以图像中某一像素点 (i,j) 为中心取其一邻域进行平滑处理,处理后该像素点 (i,j) 的新灰度值 $f'(i,j)$ 为

$$f'(i,j)=\frac{1}{K}\sum_{i,j \in S}f(n,m) \tag{6-6}$$

式中,$f'(i,j)$ 是像素点 (i,j) 平滑后的灰度值;S 是像素点 (i,j) 邻域中像素点的集合,但不包含像素点 (i,j) 本身;K 是像素点 (i,j) 邻域中像素点集合的总数,但不包含像素点 (i,j) 本身;$f(n,m)$ 是邻域内其他像素点的灰度值。在例 6-8 中,使用 Java 实现对一幅图像通过简单邻域平均法进行平滑处理,程序运行后的图像效果如图 6-9 所示。

例 6-8 通过简单邻域平均法进行平滑处理。

代码如下:

```java
import javax.imageio.ImageIO;
import java.awt.image.BufferedImage;
import java.awt.image.ColorModel;
import java.awt.image.PixelGrabber;
import java.io.File;
import java.io.IOException;
public class Smooth
{
    static String directory="D:\\pictures", filename = "lena", fileFormat="jpg";    // 要变换的图像路径名+文件名
    static int[] pixels;      // 图像所有像素点
    static BufferedImage img;
    public static void main(String args[]) throws IOException, Exception
    {
        File input=new File(directory + "\\" + filename + "." + fileFormat);
        img=ImageIO.read(input);
```

```java
            SmoothImage(img);
    }
    public static void SmoothImage(BufferedImage img)
    {
        int width=img.getWidth();
        int height=img.getHeight();
        pixels=new int[width * height];
        BufferedImage smoothimage=new BufferedImage(width,height,BufferedImage.TYPE_INT_RGB);
        try
        {
            PixelGrabber pg=new PixelGrabber(img, 0, 0, width, height, pixels, 0, width);
            pg.grabPixels();        // 将该灰度化后的图片所有像素点读入 pixels 数组
        }
        catch (InterruptedException e)
        {
            e.printStackTrace();
        }
        //对图像进行平滑处理,alpha 值保持不变
        ColorModel cm=ColorModel.getRGBdefault();
        for (int i=1; i < height - 1; i++)
        {
            for (int j=1; j < width - 1; j++)
            {
                int alpha=cm.getAlpha(pixels[i * width + j]);
                //对图像进行平滑
                int red1=cm.getRed(pixels[(i - 1) * width + j - 1]);
                int red2=cm.getRed(pixels[(i - 1) * width + j]);
                int red3=cm.getRed(pixels[(i - 1) * width + j + 1]);
                int red4=cm.getRed(pixels[i * width + j - 1]);
                int red5=cm.getRed(pixels[i * width + j + 1]);
                int red6=cm.getRed(pixels[(i + 1) * width + j - 1]);
                int red7=cm.getRed(pixels[(i + 1) * width + j]);
                int red8=cm.getRed(pixels[(i + 1) * width + j + 1]);
                int averageRed= (red1 + red2 + red3 + red4 + red5 + red6 + red7 + red8) / 8;
                int green1=cm.getGreen(pixels[(i - 1) * width + j - 1]);
                int green2=cm.getGreen(pixels[(i - 1) * width + j]);
                int green3=cm.getGreen(pixels[(i - 1) * width + j + 1]);
                int green4=cm.getGreen(pixels[i * width + j - 1]);
                int green5=cm.getGreen(pixels[i * width + j + 1]);
                int green6=cm.getGreen(pixels[(i + 1) * width + j - 1]);
                int green7=cm.getGreen(pixels[(i + 1) * width + j]);
                int green8=cm.getGreen(pixels[(i + 1) * width + j + 1]);
```

```
                int averageGreen=(green1 + green2 + green3 + green4 + green5 + green6 + green7 + green8) / 8;
                int blue1=cm. getBlue(pixels[(i − 1) * width + j − 1]);
                int blue2=cm. getBlue(pixels[(i − 1) * width + j]);
                int blue3=cm. getBlue(pixels[(i − 1) * width + j + 1]);
                int blue4=cm. getBlue(pixels[i * width + j − 1]);
                int blue5=cm. getBlue(pixels[i * width + j + 1]);
                int blue6=cm. getBlue(pixels[(i + 1) * width + j − 1]);
                int blue7=cm. getBlue(pixels[(i + 1) * width + j]);
                int blue8=cm. getBlue(pixels[(i + 1) * width + j + 1]);
                int averageBlue=(blue1 + blue2 + blue3 + blue4 + blue5 + blue6 + blue7 + blue8) / 8;
                pixels[i* width+j]=alpha << 24 | averageRed << 16 | averageGreen << 8 | averageBlue;
            }
        smoothimage. setRGB(0, 0, width, height, pixels, 0, width);    //将数组中的像素产生一个图像
        File f=new File("out/images/" + filename + "smooth" + "." + fileFormat);
        try
        {
            ImageIO. write(smoothimage, fileFormat, f);        // 在路径下输出平滑处理后的图像
        } catch (Exception e)
        {
            e. printStackTrace();
        }
    }
}
```

(a)　　　　　　　　　　　　　　　(b)

图 6-9　通过邻域平均法进行平滑处理的效果

(a) 原带噪声的 lena 图像；(b) 通过邻域平均法平滑处理后的效果

　　图 6-9 所示为经邻域平均法处理后图像的效果，可见，这样处理后使图像中的噪声得到了平滑，但图像中的某些细节（灰度突变区域）也变模糊了。邻域的大小与平滑的效果直接相关，邻域越大平滑的效果越好；但邻域过大，平滑会使边缘信息损失得越大，从而使

输出的图像变得模糊,因此需合理选择邻域的大小。

2. 低通滤波法

低通滤波法是在频域内对图像进行平滑处理的方法。即在一幅图像中,图像的边缘和灰度突变的区域（如噪声区域）位于频域的高频区,而图像的背景位于频域的低频区。这样就可以用滤波的方法滤除高频分量,保留低频分量,从而达到去掉噪声、使图像得到平滑处理的目的。低通滤波平滑处理的原理可以表示为

$$G(u,v) = H(u,v)F(u,v) \tag{6-7}$$

式（6-7）中,$F(u,v)$ 是处理前图像函数的傅里叶变换；$H(u,v)$ 是传递函数,它的作用是使 $F(u,v)$ 的高频分量得到衰减,从而使低频分量可以通过,即具有低通滤波的特性；$G(u,v)$ 是平滑处理后图像函数的傅里叶变换,再通过傅里叶逆变换就可以得到平滑处理后的图像 $g(x,y)$。通过式（6-7）可知,低通滤波的平滑处理效果关键在于传递函数 $H(u,v)$,传递函数有多种形式,常用的包括理想低通滤波、指数低通滤波、Butterworth 低通滤波和梯形低通滤波等,感兴趣的读者可自行查看数字图像处理的相关书籍了解其具体原理。

通过对图像进行平滑处理,能够在一定程度上衰减噪声的强度,但却是以牺牲图像清晰度为代价,即经过平滑后的图像会变得模糊。

6.2.5 图像锐化

在一些奇异景色的动画或虚拟环境中大量使用了图像锐化技术。图像的锐化处理可以增强图像的边缘,提高图像的视觉效果。

图像的边缘具有丰富的信息,但是存在两种原因使图像的边缘看上去并不锐利。一种原因是图像在形成过程中可能就不是很清晰；另一种原因是图像平滑操作会人为地模糊图像的边缘。为了减少这类效果的影响,就需要利用图像锐化技术,目的是使图像的边缘、轮廓线以及图像的细节变得清晰。

梯度是一种微分运算,在微分尖锐化处理方法中最常用的就是梯度法。它的基本思想是,设图像函数为 $f(x,y)$,其梯度为 $G(f(x,y))$,数字图像某样点 (x,y) 处的梯度值和邻近样点间的灰度差成正比。因此在图像灰度变化平缓区域梯度小,在线条轮廓处等灰度变化快的区域梯度大。这样就可以用梯度值来代替样点 (x,y) 处的灰度值作图,经过这样变换后的图像在线条轮廓等灰度突变处更明显,从而达到锐化的目的。其中梯度 $G(f(x,y))$ 是样点 (x,y) 做微分运算的结果。对于数字图像,要采用离散的形式,因此可以利用差分运算来代替微分运算,即

假设图 6-10 是在某一图像中取的一个邻域,其中,中心位置的像素点 e 为目标边缘上的像素点,那么进行锐化操作后图像中像素点 e 的梯度幅值（梯度的模）为

$$G(e) = |e-h| + |e-f| \tag{6-8}$$

a	b	c
d	e	f
g	h	i

图 6-10 以 e 为中心的一个邻域

图 6-10 中，a、b、c、d、f、g、h 和 i 分别为邻域内各个样点的像素值。例 6-9 给出了锐化处理部分的代码，锐化处理后的效果如图 6-11 所示。

例 6-9 对图像进行锐化处理。

代码如下：

```
//alpha 值保持不变
ColorModel cm=ColorModel. getRGBdefault();
for(int i=1;i<height- 1;i++)
    {
    for(int j=1;j<width- 1;j++)
        {
        int alpha=cm. getAlpha(pixels[i* width+j]);
        //对图像进行锐化处理
        int red6=cm. getRed(pixels[i* width+j+1]);
        int red5=cm. getRed(pixels[i* width+j]);
        int red8=cm. getRed(pixels[(i+1)* width+j]);
        int sharpRed=Math. abs(red6- red5)+Math. abs(red8-red5);
        int green5=cm. getGreen(pixels[i* width+j]);
        int green6=cm. getGreen(pixels[i* width+j+1]);
        int green8=cm. getGreen(pixels[(i+1)* width+j]);
        int sharpGreen=Math. abs(green6-green5)+Math. abs(green8-green5);
        int blue5=cm. getBlue(pixels[i* width+j]);
        int blue6=cm. getBlue(pixels[i* width+j+1]);
        int blue8=cm. getBlue(pixels[(i+1)* width+j]);
        int sharpBlue=Math. abs(blue6-blue5)+Math. abs(blue8-blue5);
        if(sharpRed>255) {sharpRed=255;}
if(sharpGreen>255) {sharpGreen=255;}
if(sharpBlue>255) {sharpBlue=255;}
pixels[i* width+j]=alpha<<24|sharpRed<<16|sharpGreen<<8|sharpBlue;
    }
```

（a）

（b）

图 6-11 图像锐化处理的效果

（a）原 lena 图像；（b）锐化处理后的效果

通常也可以直接利用锐化算子对图像进行锐化处理。常用的锐化算子包括 Laplace 算子、Prewitt 算子、Roberts 算子和 Sobel 算子。其中，Prewitt 算子、Roberts 算子、Sobel 算子为一阶导数算子，Laplace 算子为二阶导数算子。这些算子也可以用于边缘检测，实际上图像的锐度就是边缘的对比度，因此图像锐化就是提高图像边缘的对比度。

6.3 图像分割

6.3.1 图像分割原理

在一些应用场景中，可能仅对图像中的某些"有意义"区域（如边缘、目标或目标的一部分）感兴趣。例如，从侦察卫星拍摄的照片中找出军事目标，从卫星拍摄的照片中区分出森林和农田区等。从一幅图像中区分出这些目标区域，就是图像分割的任务。图像分割是图像处理中非常重要的组成部分，它是图像分析与理解的前提，分割质量的好坏直接影响后续的处理步骤，如目标跟踪、目标识别任务的准确度。为了更好地理解图像分割的任务，下面从集合的角度定义图像分割。

令集合 R 表示整个图像区域，那么对于 R 的图像分割可以看作是把 R 划分成 N 个满足如下条件的非空子集。

(1) $R = \bigcup_{i=1}^{N} R_i$。

(2) 对于任意两个子集，有 $R_i \cap R_j = \emptyset$，其中 $i \neq j$。

(3) 对于 $i = 1, 2, \cdots, N$，子集 R_i 中的所有元素，逻辑谓词均相同。

(4) 对于任意两个不同的子集 R_i 和 R_j，它们的逻辑谓词均不同。

(5) 对于 $i = 1, 2, \cdots, N$，R_i 是连通的区域。

上述 5 个条件对图像分割具有指导作用，条件（1）保证了分割后的 N 个区域合并后还是原图像，不存在像素丢失问题；条件（2）保证了分割出的是互不相交的不同区域；条件（3）~（4）保证了同一区域内像素的特性相同，不同区域之间的像素特性具有显著差异；最后，条件（5）保证了分割出的每个图像区域内部的像素之间是相互连通的关系。

6.3.2 图像的边缘检测

图像边缘是图像最基本的特征。边缘是指图像局部特性的不连续性。灰度或结构等信息的突变处称为边缘，如灰度级的突变、颜色的突变、纹理结构的突变等。边缘是一个区域的结束，也是另一个区域的开始，利用该特征可以分割图像。图像的边缘对于图像的理解具有非常关键的作用，也是图像分割的重要技术手段。不同的图像通常灰度是不同的，其边界处也会有非常明显的边缘，因此我们可以利用微分算子来检测图像中不同区域间边缘处像素的灰度不连续值，达到检测出图像边缘的效果。常见的用于检测图像边缘的微分算子有 Prewitt 算子、Roberts 算子、Sobel 算子和 Laplace 算子。下面给出利用上述 4 种不同的微分算子对图像进行边缘检测的效果，如图 6-12 所示。

从检测的结果中可知，Prewitt 算子和 Sobel 算子比 Roberts 算子检测结果相对较好，Roberts 算子定位比较精确，但由于其不包括平滑，所以对于噪声比较敏感。Laplace 算子同样

图 6-12 各种微分算子检测边缘效果
(a) 原图；(b) Prewitt 算子检测效果；(c) Roberts 算子检测效果；
(d) Sobel 算子检测效果；(e) Laplace 算子检测效果

对噪声具有极高的敏感性，所以在边缘检测中，应用较少。

对图片进行边缘检测在很多领域是非常重要的，如车牌号码的识别、智能机器人障碍物检测等。

6.3.3 基于 K-Means 的图像分割算法

K 均值聚类算法（K-Means Clustering Algorithm）是一种简单高效的聚类算法，在数据挖掘分析、图像处理领域具有广泛的应用。该算法的核心思路是通过迭代过程将数据空间的数据点按照一定的相似性准则划分为若干个类别，使所得最终的聚类结果类内紧凑，类间相互独立。K-Means 算法是一种无监督的聚类方法，它需要预先知道数据被分成多少个簇（类别），每一个簇都需要有自己的质心点。K-Means 算法的步骤可以大致归纳为如下 5 步。

(1) 假设有一个数据集 X，该数据集中包含 n 个数据点 $x_1, \cdots, x_n$。

(2) 输入簇的数目 K，并同时初始化 K 的中心点。

(3) 对于数据集 X 中的每一个数据点执行以下操作完成初始 K-Means 聚类：计算数据点到 K 个聚类中心点的距离并比较，将数据点划分到与之距离最近的聚类中心所在的簇。

(4) 对于簇中的所有数据点，计算它们的平均值，并将其作为新的簇的中心点，然后计算这一新的中心点与原中心点的差值，判断其是否在设定的阈值范围内。

(5) 对于所有的 K 个簇中心，重复上述 (3)~(4) 步直至收敛（阈值变化非常小甚至相同）。

聚类算法之所以能应用于图像分割领域，是因为两者的目标在本质上是类似的。对于聚类算法，聚类的目的是将数据空间中的数据点按照相似性准则把数据点进行聚类，得到若干个不相交的簇。而图像分割是通过将一幅图像中的像素点按照像素值相同或者相近原则把图像划分为多个不同的内容区域，实现目标分割。实际上图像分割就是像素的聚类，因此很多聚类算法在图像分割应用上可以取得有效的结果。

上面介绍了 K-Means 的基本原理与步骤，可以看出它是一种简单高效的聚类算法，结合实践，下面介绍如何将 K-Means 算法应用到图像分割中。

对于一幅大小为 $M \times N$ 的图像，图像的像素点个数为 $M \times N$ 个，所有的像素点均有像素值。对于一幅彩色图像而言，像素点的像素值为 RGB 值。如果对 RGB 颜色空间下的一幅彩色图像分割，设分割的目标是将图像内容划分为 K 个具有独特性质的区域，那么利用 K-Means 聚类算法进行分割的具体原理如下。

(1) 数据集 X 为图像中的全部像素点，X 包含 $M \times N$ 个像素点，分别表示为 $p_1, p_2, \cdots, p_n$。

(2) 输入参数 K 作为簇的数目，随机初始化 random 个点作为初始聚类中心 $center_1, center_2, \cdots, center_K$。

(3) 对于数据集 X 中的所有像素点执行如下操作：依次计算像素点到所有聚类中心点的 RGB 空间距离，将像素点聚类到与初始聚类中心最近的聚类中心所在的簇，完成所有像素点的最初 K-Means 分类。

(4) 对于 K 个簇中的所有像素点，计算它们的 RGB 平均值，并将新的 RGB 平均值作为该簇的新聚类中心，得到 $Newcenter_1, Newcenter_2, \cdots, Newcenter_K$。

(5) 计算新聚类中心 Newcenter 像素 RGB 值与初始聚类中心 center 像素 RGB 值，并比较两者是否相等或者足够小，否则继续执行步骤 (3)。

例 6-10 是基于 K-Means 的图像分割算法的代码实现，算法处理后的效果如图 6-13 所示。

例 6-10 基于 K-Means 的图像分割算法。

代码如下：

```java
import javax.imageio.ImageIO;
import java.awt.*;
import java.awt.image.BufferedImage;
import java.io.File;
import java.io.IOException;
class ImgDataItem
{
    public double r;
    public double g;
    public double b;
    public int group;
}
//读取一幅图像,采用 K-Menas 图像进行分割
public class KmeansImgSeg
    {
    //分类的簇数
    private int k;
    //迭代次数:预留
    private int iterNum;
    //源数据集合
    private ImgDataItem[][] sourceImgDataset;
    //中心集合
    private ImgDataItem[] center;
    //统计每个簇的各项数据的总和,用于计算新的点数
    private ImgDataItem[] centerForSum;
    //读取图片数据,存入源数据集合
    private int[][] getImgData(String path)
        {
        BufferedImage bi=null;
        try
        {
            bi=ImageIO.read(new File(path));
        }
        catch (IOException e)
        {
            e.printStackTrace();
        }
        int width=bi.getWidth();
        int height=bi.getHeight();
        int [][] data=new int[width][height];
        for(int i=0;i<width;i++)
            for(int j=0;j<height;j++)
                data[i][j]=bi.getRGB(i, j);
```

```java
        return data;
    }
    private ImgDataItem[][] InitData(int [][] data)
    {
        ImgDataItem[][] dataitems=new ImgDataItem[data.length][data[0].length];
        for(int i=0;i<data.length;i++)
        {
            for(int j=0;j<data[0].length;j++)
            {
                ImgDataItem di=new ImgDataItem();
                Color c=new Color(data[i][j]);
                di.r=(double)c.getRed();
                di.g=(double)c.getGreen();
                di.b=(double)c.getBlue();
                di.group=1;
                dataitems[i][j]=di;
            }
        }
        return dataitems;
    }
    //生成随机的初始中心
    private void initCenters(int k)
    {
        center=new ImgDataItem[k];
        centerForSum=new ImgDataItem[k];
        //统计每个聚类里面的R、G、B 3个通道之和,方便计算均值
        int width,height;
        for(int i=0; i<k; i++)
        {
            ImgDataItem point=new ImgDataItem();
            ImgDataItem pointTemp=new ImgDataItem();
            width=(int)(Math.random()*sourceImgDataset.length);
            height=(int)(Math.random()*sourceImgDataset[0].length);
            point.group=i;
            point.r=(double)sourceImgDataset[width][height].r;
            point.g=(double)sourceImgDataset[width][height].g;
            point.b=(double)sourceImgDataset[width][height].b;
            center[i]=point;
            pointTemp.r=point.r;
            pointTemp.g=point.g;
            pointTemp.b=point.b;
            pointTemp.group=0;
            centerForSum[i]=pointTemp;
            width=0;
            height=0;
```

```java
    }
}
//计算欧式距离
private double distanceEuclidean(ImgDataItem first,ImgDataItem second)
{
    double distance=0;
    distance=Math. sqrt(Math. pow((first. r-second. r),2)+
    Math. pow((first. g-second. g),2)+ Math. pow((first. b-second. b),2));
    return distance;
}
//返回一个数组中最小的值所在下标
private int minIndex(double[] distance)
{
    double minDistance=distance[0];
    int minIndex=0;
    for(int i=0; i<distance. length; i++)
    {
        if(distance[i] < minDistance)
        {
            minDistance=distance[i];
            minIndex=i;
        }
         else if(distance[i]==minDistance)
    {
            if((Math. random()* 10) < 5)
{
                minIndex=i;
            }
        }
    }
    return minIndex;
}
//对点进行分类
private void clusterSet()
    {
    int group=-1;
    double distance[]=new double[k];
    for(int i=0; i<sourceImgDataset. length; i++)
    {
        for(int j=0;j<sourceImgDataset[0]. length;j++)
        {
            for(int q=0;q<center. length;q++)
            {
              distance[q]=distanceEuclidean(center[q],sourceImgDataset[i][j]);
            }
```

```java
                        ///寻找离该点最近的中心
                        group=minIndex(distance);
                        //对该点进行分类
                        sourceImgDataset[i][j].group=group;
                        centerForSum[group].r +=sourceImgDataset[i][j].r;
                        centerForSum[group].g +=sourceImgDataset[i][j].g;
                        centerForSum[group].b +=sourceImgDataset[i][j].b;
                        //统计聚类里点的数量
                        centerForSum[group].group +=1;
                        group=-1;
            }
        }
    }
    //设置新的中心
    public void setNewCenter()
    {
        for(int i=0; i<centerForSum.length; i++)
        {
            //取平均值为新中心
            center[i].r=(int)(centerForSum[i].r/centerForSum[i].group);
            center[i].g=(int)(centerForSum[i].g/centerForSum[i].group);
            center[i].b=(int)(centerForSum[i].b/centerForSum[i].group);
            //重置
            centerForSum[i].r=center[i].r;
            centerForSum[i].g=center[i].g;
            centerForSum[i].b=center[i].b;
            centerForSum[i].group=0;
        }
    }
    //输出聚类数据
    private void outputImagedata(String path)
    {
        Color c0=new Color(255,0,0);
        Color c1=new Color(0,255,0);
        Color c2=new Color(0,0,255);
        Color c3=new Color(128,128,128);
        BufferedImage nbi=new BufferedImage(sourceImgDataset.length,
            sourceImgDataset[0].length,BufferedImage.TYPE_INT_RGB);
        for(int i=0; i<sourceImgDataset.length; i++)
        {
            for(int j=0; j<sourceImgDataset[0].length;j ++)
            {
                if(sourceImgDataset[i][j].group==0)
                    nbi.setRGB(i, j, c0.getRGB());
                else if(sourceImgDataset[i][j].group==1)
                    nbi.setRGB(i, j, c1.getRGB());
```

```java
                else if(sourceImgDataset[i][j]. group==2)
                    nbi. setRGB(i, j, c2. getRGB());
                else if (sourceImgDataset[i][j]. group==3)
                    nbi. setRGB(i, j, c3. getRGB());
            }
        }
        try
        {
            ImageIO. write(nbi, "jpg", new File(path));
        }
        catch(IOException e)
        {
            e. printStackTrace();
        }
    }
//k-means
public void kmeansImgSegOP(String path,int k,int iterNum)
{
    sourceImgDataset=InitData(getImgData(path));
    this. k=k;
    this. iterNum=iterNum;
    //初始化聚类中心
    initCenters(k);
    for(int level=0; level < iterNum; level++)
    {
        clusterSet();
        setNewCenter();
    }
    clusterSet();
    outputImagedata("d:\\test1-2. jpg");
}
public static void main(String[] args)
{
    KmeansImgSeg kmis=new KmeansImgSeg();
    kmis. kmeansImgSegOP("d:\\test1. jpg",4,10);
    System. out. println("k-means image segmentation finish! output image:d:\\test1-2. jpg");
}
}
```

(a)　　　　　　　　　(b)

图 6-13　利用 K-Means 进行图像分割效果

(a) 原图像；(b) 利用 K-Means 分割后的效果

6.4 图像处理应用

6.4.1 生成二维码

二维码又称为二维条码,是用某种特定的几何图形按一定规律在平面(二维方向上)分布的、黑白相间的、记录数据符号信息的图形。常见的二维码为快速响应矩阵图码(Quick Response Code, QR Code),是一个近几年来移动设备上超流行的一种编码方式,它比传统条形码(Bar Code)存储的信息更多,也能表示更多的数据类型。

Java 可以方便地生成二维码。本文使用 Maven 网站的 qrcode.jar 包生成二维码。

二维码具有容错功能,当二维码图片被遮挡一部分后,仍可以扫描出来。

二维码的容错等级分为 4 个等级,分别是 "L" "M" "Q" "H"。

其中: L 等级表示容错等级是 7%,也就是说 7% 的字码可以被修正;

M 等级表示容错等级是 15%,也就是说 15% 的字码可以被修正;

Q 等级表示容错等级是 25%,也就是说 25% 的字码可以被修正;

H 等级表示容错等级是 30%,也就是说 30% 的字码可以被修正。

可根据实际项目需要,选用合适的容错等级。

例 6-11 利用 QR Code 生成二维码。

代码如下:

```java
import com.swetake.util.Qrcode;
import javax.imageio.ImageIO;
import java.awt.*;
import java.awt.image.BufferedImage;
import java.io.File;
import java.io.IOException;
import java.io.UnsupportedEncodingException;
public class QRCode
{
    public static void main(String[] args)
    {
        Qrcode qrcode=new Qrcode();
        //设置编码方式,B 代表的是中文
        qrcode.setQrcodeEncodeMode('B');
        //设置纠错等级
        qrcode.setQrcodeErrorCorrect('m');
        // 版本号可以设置为 1-40 的版本
        qrcode.setQrcodeVersion(10);
        //使用 GUI 进行编程
        // 版本号与图片的长和宽是有联系的,这是一个固定的公式
        int width=67 + 12 * (10 - 1);
        int height=67 + 12 * (10 - 1);
        // 为二维码设置偏移量
```

```java
        int offset=2;
        // 缓冲区图片下面的这几个类都是在GUI中的几个类
        BufferedImage buffimmage=new BufferedImage(width, height, BufferedImage.TYPE_INT_RGB);
        // 在缓冲区图片的基础上创造画笔
        Graphics2D g=buffimmage.createGraphics();
        g.setBackground(Color.WHITE);
        g.setColor(Color.BLACK);
        g.clearRect(0, 0, width, height);
        //根据地址,生成二维码
        String str="http://www.nnnu.edu.cn/";
        // 把字符串转化为字节数组
        byte[] bytes=null;
        try
        {
            bytes=str.getBytes("utf-8");
        }
        catch (UnsupportedEncodingException e)
        {

        }
        if (bytes.length > 0)
        {
//用boolean型的二维数组存放二维码,如果是true则描黑,false则描白
            boolean[][] bool=qrcode.calQrcode(bytes);
            //长、宽一样
            for (int i=0; i < bool.length; i++)
            {
                for (int j=0; j < bool[i].length; j++)
                {
                    if (bool[i][j]==true)
                    {
                        // 画小方格
                        g.fillRect(i * 3 + offset, j * 3 + offset, 3, 3);
                    }
                }
            }
        }
        g.dispose();
        buffimmage.flush();
        try
        {
            ImageIO.write(buffimmage, "png", new File("D://nnnu-qrcode.png"));
        }
        catch (IOException e)
        {
            e.printStackTrace();
        }
    }
}
```

程序运行结果如图 6-14 所示。

图 6-14　用 QR Code 生成的 www.nnnu.edu.cn 二维码

6.4.2　人脸识别

人脸识别，也称为人像识别、面部识别，是在图像中检测和跟踪人脸，进而对检测到的人脸进行脸部识别的一系列相关技术。

人脸识别产品已广泛应用于金融、公安、边检、司法、军队、教育、医疗、电力、工厂及众多单位及领域。

2013 年芬兰 Uniqul 公司推出了史上第一款基于脸部识别系统的支付平台 unique。2014 年开始，支付宝、微信支付、百度、中科院重庆研究院等开启了刷脸支付的技术研发和商用探索。2017 年，随着智能手机厂商陆续推出人脸识别功能，刷脸支付开始在中国大面积使用，渗透到零售商超、餐饮等生活主要场景，行业呈高速增长态势。2020 年，中国支付清算协会制订了《人脸识别线下支付行业自律公约（试行）》，以规范人脸识别线下支付（以下简称刷脸支付）应用创新，防范刷脸支付安全风险。

目前，技术市场上有很多人脸识别的 SDK 可供选择使用，如百度、腾讯、科大讯飞。本书以 OpenCV 为例介绍人脸识别技术的使用。OpenCV 是一个基于 BSD 许可（开源）发行的跨平台计算机视觉和机器学习软件库，它是用 C++ 语言编写的，主要接口也是 C++ 语言，同时提供了大量的 C、Python、Java 和 MATLAB 的接口。OpenCV 可以在 Windows、Mac OS、Android、iOS 和 Linux 等平台上运行。本书使用 OpenCV 4.5.2 版本。

例 6-12　利用 OpenCV 进行人脸检测。

代码如下：

```java
import org.opencv.core.Mat;
import org.opencv.core.MatOfRect;
import org.opencv.core.Point;
import org.opencv.core.Rect;
import org.opencv.core.Scalar;
import org.opencv.imgcodecs.Imgcodecs;
import org.opencv.imgproc.Imgproc;
import org.opencv.objdetect.CascadeClassifier;
public class DetecFaceDemo
{
    public static void detectFace(String imagePath, String outFile) throws Exception
    {
        System.out.println("开始人脸检测…");
        //从配置文件 lbpcascade_frontalface.xml 中创建一个人脸识别器,该文件位于 opencv 安装目录中
        CascadeClassifier faceDetector=new
```

```java
CascadeClassifier("D:\\JavaTools\\openvc\\opencv\\sources\\data\\haarcascades\\haarcascade_frontalface_alt.xml");
        Mat image=Imgcodecs.imread(imagePath);
        //在图片中检测人脸
        MatOfRect faceDetections=new MatOfRect();
        faceDetector.detectMultiScale(image, faceDetections);
        System.out.println(String.format("检测到 %s 个人脸", faceDetections.toArray().length));
        Rect[] rects=faceDetections.toArray();
        if(rects!=null && rects.length>1)
        {
           for (Rect rect : rects)
           {
               //在每一个识别出来的人脸周围画出一个方框
               Imgproc.rectangle(image, new Point(rect.x, rect.y), new Point(rect.x + rect.width, rect.y + rect.height), new Scalar(0, 255, 0), 3);
           }
        }
        Imgcodecs.imwrite(outFile, image);
        System.out.println(String.format("人脸检测结束,人脸检测图片文件为：%s", outFile));
    }
    public static void main(String[] args) throws Exception
    {
        try
        {
            String opencvDllName = "D:\\JavaTools\\openvc\\opencv\\build\\java\\x64\\opencv_java452.dll";
            //本文使用opencv4.5.2
            System.load(opencvDllName);
        }
        catch (SecurityException e)
        {
            System.out.println(e.toString());
            System.exit(-1);
        }
        catch (UnsatisfiedLinkError e)
        {
            System.out.println(e.toString());
            System.exit(-1);
        }
        //人脸检测
        detectFace("D:\\face12.jpg", "D:\\face2.png");
    }
}
```

利用 OpenCV 进行人脸检测的结果如图 6-15 所示。

（a） （b）

图 6-15 利用 OpenCV 进行人脸检测
（a）原图像；（b）利用 OpenCV 进行人脸检测结果

6.5 本章小结

本章主要介绍图像的基础知识，包括图像在计算机内的表示形式，图像的直方图等；进而介绍了利用 Java 语言对图像进行简单处理，主要包括图像的一些基本操作，如图像的载入和显示、图像属性的获取与设置以及颜色空间的转换。

图像增强可以在空间域或频域实现。空间域方法直接针对像素灰度值进行运算处理，频域技术则在图像的某种变换域内对图像的变换值进行运算。傅里叶变换、图像灰度线性变换、直方图增强、图像平滑、图像锐化就是最常见的图像增强处理。

图像分割是图像处理中非常重要的组成部分，它是图像分析与理解的前提，分割质量的好坏直接影响后续的处理步骤，如目标跟踪、目标识别任务的准确度。

图像边缘是图像最基本的特征。边缘是一个区域的结束，也是另一个区域的开始，利用该特征可以分割图像。常见的用于检测图像边缘的微分算子有 Prewitt 算子、Laplace 算子、Roberts 算子和 Sobel 算子。

K-Means 聚类算法是最常用的一种迭代聚类算法，将一组数据分割成 K 个簇，由于其简单高效，故被广泛用于图像处理领域。

图像处理技术目前广泛应用于日常生活与工作中，如二维码、人脸识别方面。

习 题

1. 如果你有一本相册，你可以看看所有的照片是否都清晰，将不清晰的照片通过扫描仪输入计算机中，使用 Java 语言将其显示在屏幕上，并存入计算机内，然后获取图像像素，并存入数组中形成图像矩阵，改变 M、N 和 K 值，看看图像的效果如何。

2. 某一幅图像的灰度分布如下表所示。

1	1	1	1	1	1	1	1
1	4	4	4	4	4	4	1
1	4	2	2	2	2	4	1
1	4	6	3	3	0	4	1
1	4	0	3	3	2	4	1
1	4	2	6	2	2	4	1
1	4	4	4	4	4	4	1
1	1	1	1	1	1	1	1

试画出该幅图像的直方图,并进行直方图均衡化。

3. 将练习 1 中存入计算机内的图像用邻域平均法进行平滑处理。

4. 将练习 1 中存入计算机内的图像进行锐化处理。

5. 将练习 3 中平滑处理后的图像利用 K-Means 类算法对图像进行分割,调整相应参数,使分割结果合理,并将分割后的结果保存至本地磁盘。

6. 请利用 OpenCV 进行图像中的人脸检测识别。

7. 请说明人脸识别技术在我国的应用场景以及面临的挑战与机遇。

8. 试利用图像边缘检测技术对火星岩石地貌图进行检测。

第 7 章

Java 与数据科学

本章目标

- 了解数据科学领域中 Java 经典外部库。
- 了解使用 Java 处理数据的常规流程。
- 掌握实用的 Java 数据科学技能。
- 可以编写并运行一个简单的数据处理的 Java 程序。

本章思维导图

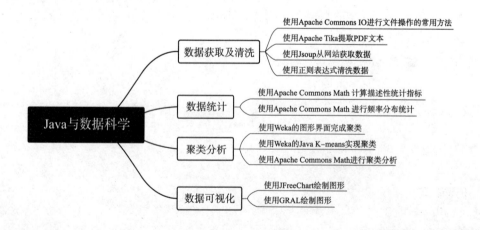

7.1 数据获取及清洗

数据科学家在处理数据之前往往需要从各种数据源获取各种格式的数据，并对这些数据进行清洗、去噪。本节将学习从不同数源获取不同格式的数据及清洗数据的方法。常见数据分析流程如图 7-1 所示。

图 7-1　常见数据分析流程

7.1.1 使用 Apache Commons IO 进行文件操作的常用方法

Apache Commons IO 是一个帮助 Java 用户完成 IO 开发的 Java 函数库，该库包含了工具类（utility classes）、输入（Input）、输出（Output）、文件过滤器（filters）、比较器（comparators）、文件监视器（File Monitor）6 个主要部分，为开发者节省了编写重复代码的时间。在使用 Apache Commons IO 之前，需要下载 Commons IO。下载对应的 JAR 文件后，在 Eclipse 中将该 JAR 文件作为外部文件包含到项目中。

Apache Commons IO 的常用方法和操作步骤如下。

1. 输出目录中的文件列表

（1）创建 listFiles(String rootDir) 方法，用于指定目录。代码如下：

```
public void listFiles(String rootDir) {}
```

（2）创建文件对象，用于记录根目录。代码如下：

```
File dir=new File(rootDir);
```

（3）提取文件名，并将它们放入带有 <file> 泛型的列表变量中。代码如下：

```
List<File> files=(List<File>) FileUtils.listFiles(dir, TrueFileFilter.INSTANCE,TrueFileFilter.INSTANCE);
```

listFiles() 是 commons 中的方法，它有 3 个参数，分别为文件目录、文件扩展名、递归与否，代码如下：

```
FileUtils.listFiles(directory, fileFilter, dirFilter);
```

（4）将文件名输出。代码如下：

```
for(File file:files)
    {
    System.out.println("filename:"+file.getAbsolutePath());
    }
```

2. 创建文件

判断 hello.txt 文件是否存在，如果不存在，创建该文件。代码如下：

```
File file=new File(RootPath,"hello.txt");    //创建文件对象
if (!file.exists())
    file.createNewFile();    //创建文件并在文件中写入字符串
FileUtils.writeStringToFile(file, "helloworld", "UTF-8");
```

3. 读取文件内容并输出

读取文件内容并输出的代码如下:

```
String str=FileUtils.readFileToString(file, "UTF-8");
System.out.println("Contents of "+file.getName()+" : "+str);
```

4. 复制文件

若 copy.txt 文件不存在,则自动创建该文件,将 file 文件里面的内容即 helloworld 复制到 copy.txt。代码如下:

```
FileUtils.copyFile(file, new File(this.RootPath,"copy.txt"));
```

5. 文件夹整体复制

复制文件夹里面的内容到新的文件夹,如果新文件夹不存在则自动创建。代码如下:

```
File srcDir=new File(this.RootPath);
File destDir=new File("Demo\\002");
FileUtils.copyDirectory(srcDir, destDir);
```

7.1.2 使用 Apache Tika 提取 PDF 文本

在获取数据资源时,经常会遇到 PDF 文件。PDF 文件中可能会包含图片或者经过加密的信息,所以想要提取 PDF 文件中的信息是比较麻烦的。若 PDF 文件未被加密,且文件内容不包含扫描文本,那么使用 Apache Tika 进行文本的提取将会是比较简单的。

Apache Tika 是一款基于 Java 的内容检测和分析的工具包,目前支持 1 000 多种不同类型的文件中元数据及文本的提取和检测。Tika 支持的主要功能包括文档类型检测、内容提取、元数据提取、语言检测 4 大块。

在使用 Tika 之前,首先要到其官网下载 Tika,本文使用 Tika 1.22 版本。

下面介绍使用 Tika 获取 PDF 文件内容的方法和操作步骤。

(1) 创建 converPDFtostring(String filename) 方法。

(2) 创建一个输入流实体。代码如下:

```
InputStream stream=null;
```

(3) 在 try 块中,将文件指派给 stream,创建解析器,解析内容句柄、元数据对象;并调用解析器解析文件,使用内容句柄输出文件中的正文内容。代码如下:

```
try
{
    stream=new FileInputStream(filename);
    AutoDetectParser parser=new AutoDetectParser();
    BodyContentHandler handler=new BodyContentHandler(-1);
    Metadata metadata=new Metadata();
    parser.parse(stream, handler, metadata, new ParseContext());
    System.out.println(handler.toString());
}
```

（4）添加 catch 和 finally 块，处理异常。代码如下：

```
catch (IOException | SAXException | TikaException  e)
    {
        e.printStackTrace();// TODO: handle exception
    }
    finally
        {
        if(stream!=null)
            try
                {
                    stream.close();
                } catch (IOException e2)
                {
                    System.out.println("error!");// TODO: handle exception
                }
        }
```

步骤（3）中，AutoDetectParser 是 Tika 中的自动解析器，可以根据文件的类型自动选择具体的解析器。若需要转换的文件格式统一，则可以使用对应格式的解析器。BodyContentHandler（-1）中的参数-1，是为了使该句柄忽略 Tika 中对文件大小上限的限制。

例 7-1 使用 Apache Tika 提取 PDF 的文本。

代码如下：

```
public class converPDF
    {
    public static void main(String[] args)
    {
converPDF tikaConverPDF=new converPDF();
tikaConverPDF.converPDFtostring("C:/Users/Administrator/Desktop/信息化教学设计方案.docx");
}
    public void converPDFtostring(String filename )
        {
        InputStream stream=null;
        try
            {
                stream=new FileInputStream(filename);
                AutoDetectParser parser=new AutoDetectParser();
                BodyContentHandler handler=new BodyContentHandler(-1);
                Metadata metadata= new Metadata();
                parser.parse(stream, handler, metadata, new ParseContext());
                System.out.println("text:"+""+handler.toString().length()
                    +handler.toString());
            }
            catch (IOException | SAXException | TikaException  e)
            {
                e.printStackTrace();
```

```
            }
                finally
            {
                if(stream! =null)
                    try
                    {
                        stream. close();
                    }
                    catch (IOException e2)
                    {
                        System. out. println("error!");
                    }
            }
        }
    }
```

Tika 支持的文件类型十分多样，读者可以使用类似的方法处理 txt、excel、doc 等文件的内容。Tika 中文件格式和对应解析器如表 7-1 所示。

表 7-1　Tika 中文件格式和对应解析器

文件格式	对应解析器
XML	XMLParser
HTML	HtmlParser
MS-Office compound document Ole2 till 2007 ooxml 2007 onwards	OfficeParser(ole2) OOXMLParser(ooxml)
OpenDocument Format openoffice	OpenOfficeParser
Portable Document Format(PDF)	PDFParser
Electronic Publication Format(digital books)	EpubParser
Rich Text Format	RTFParser
Compression and Packaging Formats	PackageParser and CompressorParser and its sub-classes
Text Format	TXTParser
Feed and Syndication Formats	FeedParser
Audio Formats	AudioParser MidiParser Mp3-for mp3parser
Video Formats	MP4Parser FlvParser
Java class files and jar files	ClassParser CompressorParser
Mobx Format (email messages)	MobXParser
Cad Formats	DWGParser
Font Formats	TrueTypeParser
Executable programs and libraries	ExecutableParser

7.1.3 使用 Jsoup 从网站获取数据

从网站获取数据是获取数据的一个常用途径,本小节将介绍如何使用 Jsoup 提取 Web 数据。Jsoup 是一款 Java 的 HTML 解析器,可直接解析 URL 地址、HTML 文本内容,是一个简单易用的外部库。使用 Jsoup 之前,首先需要下载对应的 JAR 文件,并将其作为外部库添加到项目中。本文使用 Jsoup 1.12.1 版本。

下面为大家介绍如何使用 Jsoup 获取网页数据。

(1) 创建以 Web 地址为参数的方法用于获取网页数据,这里创建的是 getDatebyJsoup(String url)。

(2) 将 URL 地址传给 Jsoup 的 connect() 方法,定义代理名称,是否忽略连接错误。为了保存从网页获取的数据,一般将结果保存到 doc 变量中。由于这段代码可能会抛出异常,所以需要进行异常处理。

(3) 使用 Document 对象提取数据的方法获取 URL 中的内容。

例 7-2 使用 Jsoup 读取网页数据。

代码如下:

```
public void getDatebyJsoup(String url)
{
    Document doc=null;
    try
    {
        doc=Jsoup. connect(url). timeout(5 * 1000). userAgent("agent"). ignoreHttpErrors(true). get();
    }
    catch (IOException e)
    {
        // TODO: handle exception
        System. out. println("error");
    }
    if (doc ! = null)
    {
        System. out. println(doc. title() + "\n" + doc. text());
        // 输出网页标题和全部文本
    }
}
public static void main(String[] args)
{
    getWebData testData=new getWebData();
    testData. getDatebyJsoup("http://www. nnnu. edu. cn/");
}
```

若将 URL 解析成一个 HTML 文件,则可以使用类似于文档对象的方法进行操作。Elements 类提供了一系列类似于文档处理的方法来实现查找元素,抽取并处理其中的数据。

例 7-3 使用 Jsoup 从网站获取数据。

代码如下:

```
Element link=doc. select("a"). first();      //查找第一个 a 元素
String text=doc. body(). text();             //取得字符串中的文本
String linkHref=link. attr("href");          //取得链接地址
```

```
String linkText=link.text();        //取得链接地址中的文本
String linkInnerH=link.html();      //取得链接内的 html 内容
```

例 7-1 中的 parse( ) 方法能够将输入的 HTML 解析为一个新的文档（Document）。Elements 类中提供了常用的文件处理方法，如表 7-2 所示。

表 7-2　Elements 类中的常用方法

功能划分	方法名及功能简述
关于查找元素	getElementById(String id)：通过 ID 查找元素，包括元素本身和其子元素
	getElementsByTag(String tag)：根据 tagName 查询子元素集
	getElementsByClass(String className)：寻找包含 className 的 class 的元素集
	getElementsByAttribute(String key)：通过元素属性的键寻找元素集
	siblingElements( )：获取该元素的兄弟元素，该元素本身不包含在内。firstElementSibling( )、lastElementSibling( )、nextElementSibling( )、previousElementSibling( )：获取该元素的第一个、最后一个、下一个、前一个兄弟元素
	parent( )：获取节点的父节点 children( )：获取子元素集 child(int index)：通过索引获取元素的子元素
关于元素数据	attr(String attributeKey, String attributeValue)：设置元素的属性值。如果该键已存在，则替换掉以前的值；否则就新增
	attributes( )：获取所有属性
	id( )：得到元素的 id 属性 className( )：class 属性的文本内容 classNames( )：得到元素的所有 class names
	text( )：获取文本内容，text（String value）设置文本内容
	data( )：获取数据内容（如 script 和 style 标签）
	tag( )：得到元素的 Tag tagName( )：得到元素的标签名，如 div
关于操作 HTML 和文本	append(String html)：增加一段 html 到该元素中，该 html 会被解析，然后每个节点都会置于元素末尾
	prepend(String html)：增加一段 html 到该元素中，该 html 会被解析，然后每个节点都会置于元素开头
	appendText(String text)：创建一个新的文字节点，然后追加到该元素中 prependText(String text)：创建一个新的文字节点，置于该元素子元素的最前面
	appendElement(String tagName)：使用 tagName 创建一个新的元素，然后把它作为该元素的最后一个子元素
	prependElement(String tagName)：创建一个新的元素，然后把它作为该元素的第一个子元素
	html( )：获取元素内的 HTML 内容，html(String value)设置元素内的 HTML 内容

若需要访问该 url 的下级链接才能获取需要的数据，可以使用 select( ) 方法获取所有链接，而后遍历所有链接。代码如下：

```
Document doc=Jsoup.connect(url).get();
Elements links=doc.select("a[href]");
```

获取该页面中的图片，与获取链接类似。代码如下：

```
Elements media=doc.select("[src]");
```

7.1.4 使用正则表达式清洗数据

在数据处理中，往往要将不同格式的信息转化到文本文件中，而在转化的过程中经常会产生一些不需要的字符，这些字符往往被看成数据中的噪声。文本文件往往是 ASCII 文本文件，本小节中将使用正则表达式清洗 ASCII 文本文件中一些不必要的字符。

使用 text.replace( ) 方法，清除 text 中的不合理字符。

例 7-4 使用正则表达式清洗数据。

代码如下：

```java
public class clearText
{
    public String cleanText(String text)
    {
        String textNew=new String();
        textNew=text;
        //去掉非 ASCII 字符
        textNew=textNew.replaceAll("[^\\p{ASCII}]", "");
        //把两个以上空格替换成单个空格
        textNew=textNew.replaceAll("\\s{2}", " ");
        //去掉空白字符
        textNew=textNew.replaceAll("'#\\s+#'", " ");
        //去掉回车
        textNew=textNew.replaceAll("src,@\"(/s+/r)+\"","" );
        return textNew;
    }
    public static void main(String[] args)
    {
        String text=new String();
        text="Java is a very good tool,\n\n ~~~ \n\n (())"+"\n\n";
        System.out.println(text);
        clearText ClearText= new clearText();
        String text2=new String();
        text2=ClearText.cleanText(text);
        System.out.println(text2);
    }
}
```

除了以上介绍的数据文件格式以外，在数据处理过程中还可能会遇到其他格式的数据，如 JSON 文件、XML 文件、数据库文件等。这些文件内容的提取及编写在 Java 中也可以使用外部库来实现，常用的外部库如表 7-3 所示。

表 7-3 数据获取及清洗常用外部库列表

数据源类型	可用外部库
JSON 文件	JSON. simple
XML 文件	JDOM
MySQL 数据源	MySQL Community Server
HTML 文件	Selenium WebDriver
CSV、TSV 文件	Univocity

7.2 数据统计

统计分析是数据科学领域常规的分析之一。通常的统计分析操作包括统计频率分布、回归分析以及相关系数等统计特征值的计算。Java 中提供了许多的库，这些库支持数据的统计分析，可以通过简单的几行代码达到统计分析的目的。本节将介绍如何使用 Java 进行基本的数据统计分析。在开始本节学习之前，要先下载外部库 Apache Commons Math，将解压得到的 JAR 文件作为外部库添加到 Eclipse 项目中。

Apache Commons Math 3.6.1 是目前最新的版本，其中包含的内容是十分丰富的，并且对旧版本进行了有效的优化。该包中可以完成大部分的统计指标计算，如下所示。

(1) 计算一组数字的均值、方差和其他汇总统计信息。
(2) 进行线性回归。
(3) 通过插值方法进行曲线拟合。
(4) 用最小二乘法进行拟合。
(5) 求解实值函数方程（即求根）。
(6) 解线性方程组。
(7) 解常微分方程。
(8) 求解多维函数最小化问题。
(9) 产生具有更多限制的随机数。
(10) 生成与输入文件中的数据"相似"的随机样本和/或数据集。
(11) 进行统计显著性检验。

基于所提供的功能，Apache Commons Math 被分成了 16 个子包，可在其官网查阅具体的 API 说明文档，如图 7-2 所示。

Math 的统计包 statistics 提供了基本描述统计、频率分布、双变量回归、卡方检验和方差分析检验统计的框架和实现，具体有以下 7 个部分。

(1) 描述性统计。
(2) 频率分布。
(3) 简单回归。
(4) 多元回归。
(5) 秩转换。

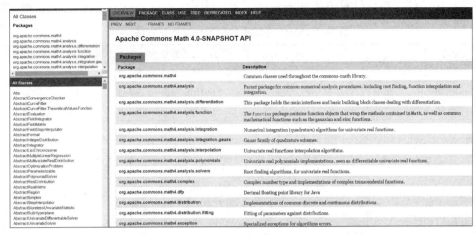

图 7-2　Apache Commons Math API 说明文档

（6）协方差和相关性。
（7）统计测试。

下面简要介绍常用的统计指标的计算、频率分布的计算的实现。

7.2.1　使用 Apache Commons Math 计算描述性统计指标

statistics 包中包含算术和几何平均数、方差和标准差、对数和、平方和最小值、最大值、中位数和百分位数等描述性统计指标的计算实现。在样本较少的情况下，使用 Apache Commons Math 库中的 DescriptiveStatistics 类来计算数据的均值、标准差等描述性指标是十分方便的，操作的步骤如下。

1. 创建 DescriptiveStatistics 型的对象和数组对象

创建 DescriptiveStatistics 型的对象和数组对象的代码如下：

```
double[] values = new double[] { 1,2,3,4,5,6,7,8,9,10 };
DescriptiveStatistics stats = new DescriptiveStatistics();
```

2. 将数组 values 中的所有数值添加到 DescriptiveStatistics 对象

将数组 values 中的所有数值添加到 DescriptiveStatistics 对象的代码如下：

```
for( int i=0; i < values.length; i++)
{
        stats.addValue(values[i]);
}
```

3. 调用对应的方法获取统计指标

调用对应的方法获取统计指标的代码如下：

```
double mean = stats.getMean();              //获取平均值
double std = stats.getStandardDeviation();  //获取标准差
double median = stats.getPercentile(50);    //获取中位数
```

除此之外，也可以使用 Math 中的其他函数获取统计指标代码如下：

```
double mean = StatUtils.mean(values);                      //获取平均值
double std = FastMath.sqrt(StatUtils.variance(values));    //获取标准差
double median = StatUtils.percentile(values, 50);          //获取中位数
```

此外常用的统计指标计算方法如表 7-4 所示，表中 values、values2 为 double 型的数组。

表 7-4 Math 中常用的统计指标计算方法

统计指标	计算方法
样本个数	Values.length
求和	StatUtils.sum(values)
计算最小值	StatUtils.min(values)
计算最大值	StatUtils.max(values)
计算算数平均数	StatUtils.mean(values)
标准差	new StandardDeviation().evaluate(values)
方差	StatUtils.variance(values)
中位数	new Median().evaluate(values)
几何平均数	StatUtils.geometricMean(values)
平均差	StatUtils.meanDifference(values, values2)
标准化	double [] norm = StatUtils.normalize(values)
百分位数	StatUtils.percentile(values, 70.0)：从小到大排序后位于 70% 位置的数
总体方差	StatUtils.populationVariance(values)
所有数据累乘积	StatUtils.product(values)
对数求和	StatUtils.sumLog(values)
平方和	StatUtils.sumSq(values)
相关系数	new PearsonCorrelation().correlation(values, values2)
协方差	new Covariance().cov(values, values2, false/true)：最后一个参数用于指定是否为有偏估计，该参数默认的设置是 true

7.2.2 使用 Apache Commons Math 进行频率分布统计

Java 中有很多种方法可以统计数据或者字符串中的频数和分布。推荐使用 Frequncy 接口来实现频率分布统计，该方法代码简单而且支持字符串、整型、长整型以及字符型等任何可比较的类型数据的统计。

例 7-5 计算整型数据的频率分布。

代码如下：

```
Frequency freq = new Frequency();
for( int i=0; i < values.length; i++)
{
        freq.addValue(values[i]);
}
for( int i=0; i < values.length; i++)
{
    System.out.println(freq.getCount(values[i]));      //统计时区分大小写
    System.out.println(freq.getCumPct(values[i]));     //统计时不区分大小写
}
```

若需要统计的是字符串的频数，只需要将本例中的参数修改成字符串型的数组即可。

7.3 聚类分析

怀卡托智能分析环境（Waikato Environment for Knowledge Analysis，Weka）是一个十分强大的机器学习以及数据挖掘软件库，可供用户完成数据预处理、分类、回归、聚类、关联规则等机器学习任务。目前，Weka 中已经集成了大量的算法，而由于 Weka 的开源性，开发者可以使用 Java，利用 Weka 的架构，在 Weka 平台上开发出更多的机器学习算法。

Weka 被认为是数据挖掘和机器学习领域的里程碑式系统，被研究和商业领域广泛接受，已经成为数据挖掘研究领域常用的工具之一。本节将学习 Weka 和 Apache Commons Math 进行聚类分析的方法。

编写使用前，需要将 Weka 作为外部库添加到对应的项目中，首先到 Weka 官网下载相应的工具包。官网中 Weka 有稳定版和开发版两个版本，这两个版本的新版本通常每年发布 1~2 次，目前最新的稳定版本是 Weka 3.8。工具包下载完成后，根据提示安装即可。

Weka 支持多种文件格式，包括 ARFF、XRFF、CSV，甚至 LIBSVM 的格式。其中 Weka 存储数据的默认格式是 ARFF（Attribute-Relation File Format）文件，这是一种 ASCII 文本文件。下载安装好后 Weka 的安装目录会自带示例 ARFF 文件，在 Weka 的安装目录下 data 文件夹中可以找到这些示例文件，如图 7-3 所示。

Weka 中用的 ARFF 文件分为两部分：Header 和 Data。其中 Header 部分用于定义关系（Relation）的名字、系列（Attribute）的名字和类型；Data 部分储存具体数据。Data 部分的 Attribute 顺序必须与 Header 定义的顺序一致，如果值为空则用"?"代替，不同 Attribute 值之间用逗号分隔，逗号后面可跟若干空格。对于 ARFF 文件中出现的所有字符串（名字或者值），如果中间有空格出现则一律需要用引号括起来。ARFF 文件中 Relation、Attribute、Data 对大小写不敏感。

Attribute 支持的数据类型包括 numeric、real（当作 numeric）、integer（当作 numeric）、string、枚举型、date[<date-format>]。

其中，枚举型在定义完 Attribute 的名字后紧跟着可选值，最后用花括号括起来。date 型如果不指明格式则默认使用 ISO 8601 定义的格式：yyyy-MM-dd HH：mm：ss；如果需指定特定的格式，则在 date 后面指定，格式与 Java.text.SimpleDateFormat 规定的相同。Data 部分的值对大小写敏感，值的类型必须与 Header 指定的格式相同。

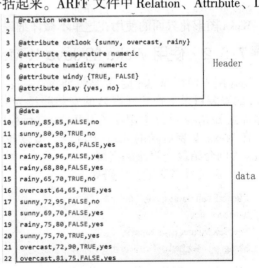

图 7-3　ARFF 文件示例

7.3.1　使用 Weka 的图形界面完成聚类

Weka 为非 Java 用户提供了许多图形用户界面，使应用算法变得极其容易。在 Weka 的安装目录下找到 Weka 的快捷方式，双击即可进入图形化的操作界面。

Weka 主窗口右侧共有 5 个模块的应用，分别是 Explorer、Experimenter、KnowledgeFlow、Workbench 和 Simple CLI，如图 7-4 所示。

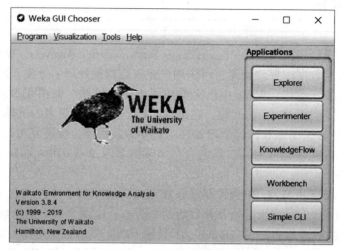

图 7-4　Weka 图形化界面

Explorer：包含了进行数据挖掘的环境，提供了分类、聚类、关联规则、特征选择及数据可视化的功能。

Experimenter：用于进行数据实验，对不同学习方案进行数据测试的环境；该功能模块旨在便于根据 Weka 中提供的许多不同评估标准对算法的预测性能进行实验性比较。

KnowledgeFlow：功能与 Explorer 相似，但是用户可以使用拖拽方式建立实验方案，此模块也支持增量学习。

Workbench：工作台界面，包含了其他界面的组合。

Simple CLI：简单的命令行界面。

Weka 图形化界面的使用在这里不做详细说明，感兴趣的读者可自行查阅相关说明文档。

7.3.2　使用 Weka 的 Java K-Means 实现聚类

Java 用户使用 Weka 时需要先将 weka.jar 文件作为外部库加入工程，该文件可以在 Weka 的安装目录下找到（默认的安装路径为 C:\Program Files\Weka）。将该文件作为外部库添加到 Eclipse 项目中即可使用 Weka 进行程序开发。

在 Weka 安装目录的 data 子目录下可以找到 cpu.arff 文件，下面是使用该数据并以 K-Means 为例介绍聚类算法的实现。

（1）定义所需变量，代码如下：

```
ClusterEvaluation eval;
Instances data;
SimpleKMeans myKMeans;
String      filePath=" cpu.arff";
```

（2）读取数据集，代码如下：

```
data=new DataSource(filePath).getDataSet();
```

（3）创建聚类器，实例化聚类器，设置聚类参数，代码如下：

```
myKMeans    =new SimpleKMeans();        //实例化 K-Means 聚类器
myKMeans.setSeed(10);       //设置种子数
myKMeans.setNumClusters(5);     //目标聚集数
myKMeans.buildClusterer(data);      //建立聚类器
```

(4) 通过 ClusterEvaluation 输出聚类评估概述,代码如下:

```
eval=new ClusterEvaluation();
eval. setClusterer(myKMeans);
eval. evaluateClusterer(new Instances(data));
System. out. println(eval. clusterResultsToString());
```

(5) 输出每个数据点和所属的簇编号,代码如下:

```
int[] assignments=myKMeans. getAssignments();
int i=0;
for (int clusterNum : assignments)
{
    System. out. printf("Data % d -> Cluster % d\n", i, clusterNum);
    i++;
}
```

除此之外,若无须设置参数,则可使用默认的参数进行聚类,还可以使用以下的方法 2 进行聚类,代码如下:

```
String[] options;
options=new String[2];
options=new String[] { "-t", filePath };
System. out. println(ClusterEvaluation. evaluateClusterer(new
    SimpleKMeans(), options));
```

例 7-6 使用 Weka 的 Java K-Means 实现聚类。
代码如下:

```
import weka. clusterers. ClusterEvaluation;
import weka. clusterers. SimpleKMeans;
import weka. core. Instances;
import weka. core. converters. ConverterUtils. DataSource;
public class KMeansClusteringDemo
{
    public KMeansClusteringDemo(String filePath) throws Exception
    {
        ClusterEvaluation eval;
        Instances data;
        String[] options;
        SimpleKMeans myKMeans;
        data=new DataSource(filePath). getDataSet();
        myKMeans=new SimpleKMeans();
        myKMeans. setSeed(10);
        myKMeans. setNumClusters(5);
        myKMeans. setPreserveInstancesOrder(true);
        myKMeans. buildClusterer(data);
        System. out. println("\n----> profile");
        eval=new ClusterEvaluation();
        eval. setClusterer(myKMeans);
        eval. evaluateClusterer(new Instances(data));
        System. out. println(eval. clusterResultsToString());
        System. out. println("\n----> list of Data and cluster ");
        try
        {
            int[] assignments=myKMeans. getAssignments();
            int i=0;
```

```java
                for (int clusterNum : assignments)
                {
                    System.out.printf("Data %d -> Cluster %d\n", i, clusterNum);
                    i++;
                }
            }
            catch (Exception e1)
            {
            }
            //方法2
            System.out.println("\n----> normal");
            options = new String[2];
            options = new String[] { "-t", filePath };
            System.out.println(ClusterEvaluation.evaluateClusterer(new
                SimpleKMeans(), options));
        }
        public static void main(String[] args) throws Exception
        {
            System.out.println("usage: " + KMeansClusteringDemo.class.getName()
                + " <arff-file>");
            new KMeansClusteringDemo("cpu.arff");
            System.exit(1);
        }
    }
```

聚类结果如图 7-5 所示，输出每个数据点和所属的簇编号如图 7-6 所示，方法 2 的结果如图 7-7 所示。

```
kMeans
======

Number of iterations: 8
Within cluster sum of squared errors: 11.763305243629095

Initial starting points (random):

Cluster 0: 600,768,2000,0,1,1,16
Cluster 1: 59,4000,12000,32,6,12,113
Cluster 2: 124,1000,8000,0,1,8,42
Cluster 3: 125,2000,8000,0,2,14,52
Cluster 4: 26,8000,32000,64,12,16,248

Missing values globally replaced with mean/mode

Final cluster centroids:
                            Cluster#
Attribute       Full Data        0         1         2         3         4
                (209.0)      (20.0)    (49.0)    (119.0)     (7.0)    (14.0)
================================================================================
MYCT             203.823         906   51.5306  169.8571       174   37.3571
MMIN            2867.9809       664.8 4843.6735 1358.0168 1844.5714 12446.8571
MMAX           11796.1531      4000.6    19860 6805.4118 7485.7143 39285.7143
CACH             25.2057           1   52.8367    7.8908         8  118.8571
CHMIN             4.6986        0.95    7.6327    2.1513    4.1429   21.7143
CHMAX            18.2679        2.05    23.551    9.2857   76.2857   70.2857
class           105.622        17.75  169.7755    42.605   53.2857  568.4286


Clustered Instances

0       20 ( 10%)
1       49 ( 23%)
2      119 ( 57%)
3        7 (  3%)
4       14 (  7%)
```

图 7-5 聚类结果

```
----> list of Data and cluster
Data 0 -> Cluster 4
Data 1 -> Cluster 1
Data 2 -> Cluster 1
Data 3 -> Cluster 1
Data 4 -> Cluster 1
Data 5 -> Cluster 1
Data 6 -> Cluster 4
Data 7 -> Cluster 4
Data 8 -> Cluster 4
Data 9 -> Cluster 4
Data 10 -> Cluster 2
Data 11 -> Cluster 2
Data 12 -> Cluster 2
```

图 7-6　输出每个数据点和所属的簇编号

```
kMeans
======

Number of iterations: 12
Within cluster sum of squared errors: 21.17961501115821

Initial starting points (random):

Cluster 0: 600,768,2000,0,1,1,16
Cluster 1: 59,4000,12000,32,6,12,113

Missing values globally replaced with mean/mode

Final cluster centroids:
                            Cluster#
Attribute      Full Data        0           1
               (209.0)        (171.0)      (38.0)
==========================================================
MYCT           203.823        238.9064     45.9474
MMIN          2867.9809      1721.0058   8029.3684
MMAX         11796.1531      7743.7778  30031.8421
CACH            25.2057        11.7544     85.7368
CHMIN            4.6986         2.7076     13.6579
CHMAX           18.2679        12.3626     44.8421
class          105.622         50.2632    354.7368


=== Clustering stats for training data ===

Clustered Instances
0      171 ( 82%)
1       38 ( 18%)
```

图 7-7　方法 2 的结果

7.3.3　使用 Apache Commons Math 进行聚类分析

Apache Commons Math 中提供了聚类分析工具包，该工具包中包含了 K 均值++（KMeans++）、模糊 K 均值（Fuzzy KMeans）、DBSCAN（Density-Based Spatial Clustering of Applications with Noise，具有噪声的基于密度的聚类方法）、多重聚类（Multi-KMeans++）4 种聚类算法。Apache Commons Math 的 API 文档中对这 4 种聚类的效果进行了对比说明，如图 7-8 所示。

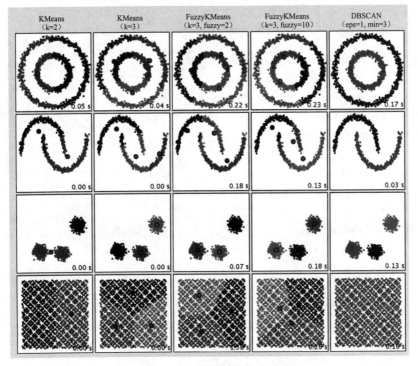

图 7-8　API 文档中的聚类效果对比

KMeans++算法：KMeans/ KMeans++聚类的目的是将 n 个观测数据分成 k 个簇，每个数据点都属于离中心最近的簇。KMeans++基于著名的 K-Means 算法，该算法选择初始值（或"种子"）的方法与 K-Means 算法不同，从而避免了 K-Means 有时会导致集群化不良的情况的出现。

Fuzzy KMeans 算法：Fuzzy KMeans 算法是经典 K-Means 算法的另一变体。Fuzzy-KMeans 算法与 K-Means 算法主要的区别在于单个数据点不是唯一分配给单个集群的。该算法中主要根据研究对象本身的属性来构造模糊矩阵，并在此基础上根据一定的隶属度来确定聚类关系，即用模糊数学的方法把样本之间的模糊关系定量的确定，从而客观且准确地进行聚类。FuzzyKMeans 算法不需要集群中心的初始值，尽管比原来的 K-Means 算法慢但是更健壮。

DBSCAN 算法：DBSCAN 算法是较有代表性的基于密度的聚类算法。它将簇定义为密度相连的点的最大集合，能够把具有足够高密度的区域划分为簇，并可在噪声的空间数据库中发现任意形状的聚类。

Multi-KMeans++算法：Multi-KMeans++算法是经典 K-Means 算法的另一变体，它基本上使用 KMeans++执行 n 次运行，然后根据距离方差选择最佳的集群。

在聚类分析算法中距离的计算方法是十分重要的，不同的距离计算方法得到的聚类效果也可能不同。Apache Commons Math 中提供了 5 种距离的计算方式，分别是堪培拉距离（Canberra Distance）、切比雪夫距离（Chebyshev Distance）、欧氏距离（Euclidean Distance）、曼哈顿距离（Manhattan Distance）、EMD 距离（The Earth Mover's Distance）。

下面进行聚类实现。假设有一组位置集合，其中每个位置都有方法 double getX() 和 double getY() 用于获得该位置在二维空间中的坐标，希望根据位置间的欧氏距离将这些位置聚成 10 个不同的集群。

聚类算法需要一个 list 对象作为输入。为此，首先创建一个包装对象，将数据封装到该类中。代码如下：

```java
//数据类封装
public static class LocationWrapper implements Clusterable
{
    private double[] points;
    private Location location;
    public LocationWrapper(Location location)
    {
        this.location=location;
        this.points=new double[] { location.getX(), location.getY() };
    }
    public Location getLocation()
    {
        return location;
    }
    public double[] getPoint()
    {
        return points;
    }
}
```

```
}
//将 LocationWrapper 加入 list
  List<Location> locations=...;
List<LocationWrapper> clusterInput=new ArrayList<LocationWrapper> (locations. size());
for (Location location : locations)
    clusterInput. add(new LocationWrapper(location));
```

下面进行聚类分析并输出结果,这里使用默认的距离计算方法,即欧氏距离。代码如下:

```
//初始化聚类算法,使用 KMeans++将数据聚成 10 类,迭代次数最多为 10 000 次
KMeansPlusPlusClusterer<LocationWrapper> clusterer=new
        KMeansPlusPlusClusterer  <LocationWrapper> (10, 10000);
List<CentroidCluster<LocationWrapper>> clusterResults=clusterer. cluster (clusterInput);
//输出聚类结果
for (int i=0; i<clusterResults. size(); i++)
{
    System. out. println("Cluster " + i);
    for (LocationWrapper locationWrapper : clusterResults. get(i). getPoints())
        System. out. println(locationWrapper. getLocation());
    System. out. println();
}
```

7.4 数据可视化

将数据信息通过点、线、图等形态直观地展示出来,有利于数据信息的呈现和观察。在数据科学的计算中,将数据信息以视觉化的方式展示出来是不可缺少的一部分。在大多数情况下,数据研究工作者会使用可视化技术进行数据的分析,并使用可视化方式展示分析结果。

本节介绍通过外部库实现数据可视化的方法。Java 中常用的数据可视化库有 JFreeChart、GRAL(GRAphing Library)、XChart、JMathPlot、Jzy3d 等。可视化库支持的绘图种类及格式对比如表 7-5 所示。

表 7-5 可视化库支持的绘图种类及格式对比

库名	GRAL	JFreeChart	XChart	JMathPlot	Jzy3d
依赖类库	VectorGraphics 2D	JCommon	VectorGraphics 2D	JMathIO、JMathArray	VectorGraphics 2D
默认导出格式	BMP、GIF、JPEG、PNG、WBMP	BMP、GIF、JPEG、PNG、WBMP	JPEG、PNG、BMP、GIF	BMP、GIF、JPEG、PNG、WBMP	BMP、GIF、JPEG、PNG、WBMP
可选导出格式	EPS、PDF、SVG	PDF、SVG	EPS、PDF、SVG		

续表

库名	GRAL	JFreeChart	XChart	JMathPlot	Jzy3d
散点图（2D/3D）	○/-	○/-	○/-	○/○	/○
线型图（2D/3D）	○/-	○/-	○/-	○/○	/○
面积图（2D/3D）	○/-	○/-	○/-		
饼图（2D/3D）	○/-	○/○	○/-		
圆环图（2D/3D）	○/-	○/-	-/-		
条形图（2D/3D）	-/-	○/-	-/-		
柱形图（2D/3D）	○/-	○/-	○/-		/○
箱线图（2D/3D）	○	○	-	○/○	
直方图	○	○	○	○	
多数据轴	○	○			
对数轴	○	○	○		
数据滤波	○	-	-		
语言	德文、英文	德文、英文西班牙文、法文、荷兰文、波兰文、葡萄牙文、俄文、中文	英文		

由上表可以看出，主流的数据可视化库中，JFreeChart 和 GRAL 支持较广的图形绘制方式和导出方式。在实际使用中，JFreeChart 和 GRAL 也是最受欢迎的主流可视化库。为此本书主要介绍如何使用 JFreeChart 和 GRAL 绘制常用图形。

7.4.1 使用 JFreeChart 绘制图形

JFreeChart 是一款稳定、轻量级、功能强大且开源的图形绘制库，是主流的 Java 图形解决方案之一。它的主要功能包括饼图、曲线图、时序图、复合图等多种图形的绘制，图形可以导出 PNG 和 JPEG 格式，同时还可以与 PDF 和 Excel 关联。从开发的角度来说，其 API 处理简单，很容易上手，生成的图表运行顺畅。

1. JFreeChart 开发前准备

在使用 JFreeChart 之前需要下载 JFreeChart。下载页面 JFreeChart 中包含 JFreeChart 各个版本的 zip 文件（该 zip 文件中包含了 JFreeChart 和 JCommon）；Documentation 中是相应的安装说明文件；JCommon 中是依赖类库集合。读者可以直接选择下载最新版本或者根据需要的内容进行下载。

本文下载的是最新的 JfreeChart1.0.19 版本，包含了 JFreeChart 组件源码、示例、支持类库等文件。JfreeChart-1.0.19-demo 如图 7-9 所示。

在解压得到的文件夹中的 jfreechart-1.0.19-demo.jar 文件包含了 JFreeChart 组件提供的演示文件，运行该文件后可看到 JFreeChart 组件制作的各种图表的样式及效果；source 文件夹为 JFreeChart 的源代码文件夹，在此文件夹中可以查看到 JFreeChart 组件的源代码；lib 文件夹为 JFreeChart 的支持类库。

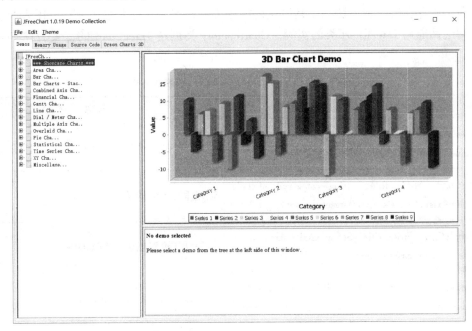

图 7-9　jfreechart-1.0.19-demo

下载完成后，需要将 JFreeChart 作为外部库在 Eclipse 中导入。具体的操作步骤：在对应项目名称上右击依次选择 Properties→Java Build Path→Libraries，将 lib 目录下的 jfreechart-1.0.19.jar、jcommon-1.0.23.jar 两个 jar 包导入项目中。

2. JFreeChart 中核心类说明

在使用 JFreeChart 过程中，会经常使用到一些核心类，其说明如表 7-6 所示。

表 7-6　核心类说明

类名	类的作用以及描述
图表类：JFreeChart	用于创建不同类型的图表对象。图表的调整也需要该类。JFreeChart 提供了一个工厂类 ChartFactory，用来创建各种类型的图表对象
数据集类：*Dataset	用于提供显示图表所用的数据。不同类型的图表对应着不同类型的数据集对象类

续表

类名	类的作用以及描述
图表区域类：Plot	该对象通过 JFreeChart 对象获得。通过该类可以对图形外部部分（如坐标轴）进行调整
坐标轴类：*Axis	用于处理图表的纵轴和横轴
渲染器类：*Renderer	该类负责如何显示一个图表
URL生成器类：*URLGenerator	用于生成 Web 图表中每个项目的链接

注：表中的 * 表示长度不确定的字符串，一般是属性的名称。

在创建 JFreeChart 实例时，可以使用 ChartFactory 类，使用该类的方法来获得相应的 JFreeChart。ChartFactory 类位于 JFreeChart 库的 org.jfree.chart 包下，用于创建不同类型的图表，此类中存在的每种方法均以其生成的图表类型命名，并且无论涉及哪种图表类型，这些方法均返回通用 JFreeChart 类的实例。ChartFactory 类创建 JFreeChart 的主要方法如表 7-7 所示。

表 7-7 ChartFactory 类中创建图表的方法

名称	功能
createAreaChart（String title，String categoryAxisLabel，String valueAxisLabel，CategoryDataset dataset）	使用默认设置创建一个面积图
createBarChart（String title，String categoryAxisLabel，String valueAxisLabel，CategoryDataset dataset）	创建垂直方向的条形图
createBubbleChart（String title，String xAxisLabel，String yAxisLabel，XYZDataset dataset）	使用默认设置创建一个气泡图
createCandlestickChart（String title，String timeAxisLabel，String valueAxisLabel，OHLCDataset dataset，boolean legend）	创建并返回烛台图表的默认实例
createGanttChart（String title，String categoryAxisLabel，String dateAxisLabel，IntervalCategoryDataset dataset）	使用提供的属性以及所需的默认值创建甘特图
createHistogram（String title，String xAxisLabel，String yAxisLabel，IntervalXYDataset dataset）	创建直方图
createLineChart（String title，String categoryAxisLabel，String valueAxisLabel，CategoryDataset dataset）	使用默认设置创建折线图
createPieChart（String title，PieDataset dataset）	使用默认设置创建一个饼图
createPieChart3D（String title，PieDataset dataset）	使用指定的数据集创建 3D 饼图

续表

名称	功能
createRingChart(String title, PieDataset dataset, boolean legend, boolean tooltips, boolean urls)	使用默认设置创建一个环图
createScatterPlot(String title, String xAxisLabel, String yAxisLabel, XYDataset dataset)	使用默认设置创建散点图
createTimeSeriesChart(String title, String timeAxisLabel, String valueAxisLabel, XYDataset dataset)	创建并返回时间序列图
createXYAreaChart(String title, String xAxisLabel, String yAxisLabel, XYDataset dataset)	使用 XYDataset 创建面积图
createXYBarChart(String title, String xAxisLabel, boolean dateAxis, String yAxisLabel, IntervalXYDataset dataset)	创建并返回 XY 条形图的默认实例
createXYLineChart(String title, String xAxisLabel, String yAxisLabel, XYDataset dataset)	使用默认设置创建折线图(基于 XYDataset)
createXYStepAreaChart(String title, String xAxisLabel, String yAxisLabel, XYDataset dataset)	使用默认设置创建一个填充的阶梯式 XY 图

3. 使用 JFreeChart 绘制图形

JFreeChart 绘制图形可分为以下 3 个步骤。

(1) 创建数据集实例。

创建数据集实例是指创建用来构成 JFreeChart 图表的数据，JFreeChart 图表显示的数据都来源于数据集。

(2) 创建 JFreeChart 对象。

在制图过程中，只有在创建制图对象 JFreeChart 后，才可以生成实际的图片。JFreeChart 对象的实例需要通过 ChartFactory 获得。

(3) 根据需要导出图片。

下面介绍使用 JFreeChart 绘制图形的方法。

例 7-7 绘制饼形图。

代码如下：

```
public class JFreeChart_test
{
    public static void main(String[] args)
    {
        //创建 DefaultPieDataset 实例 data,将数据添加到 data 中
        DefaultPieDataset data=new DefaultPieDataset();
        data.setValue("Category 1", 86.4);
        data.setValue("Category 2", 55.8);
        data.setValue("Category 3", 159);
```

```
        // 创建 JFreeChart 实例绘制图表
        JFreeChart chart=ChartFactory.createPieChart( "Sample Pie Chart",
           //设置图表显示标签
           data, //指定数据源
           true, // 是否显示图例(如果是简单的柱状图,则该参数必须是 false)
           true, // 是否生成工具
           false // 是否生成 URL 链接
      );
        //将图片输出到 ChartFrame 中显示
        ChartFrame frame=new ChartFrame("First", chart);
        frame.pack();
        frame.setVisible(true);
    }
}
```

绘制的饼图如图 7-10 所示。

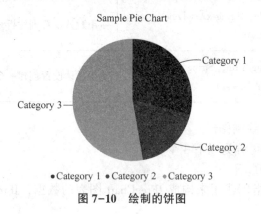

图 7-10 绘制的饼图

例 7-8 绘制三维柱形图。

代码如下:

```
private static CategoryDataset Get_DataSet()
    {
    DefaultCategoryDataset dataset=new DefaultCategoryDataset();
        dataset.addValue(10, "Wuhan", "Apple");
        dataset.addValue(10, "Guangzhou", "Apple");
        dataset.addValue(10, "Nanning", "Apple");
        dataset.addValue(20, "Wuhan", "Pear");
        dataset.addValue(20, "Guangzhou", "Pear");
        dataset.addValue(20, "Nanning", "Pear");
        dataset.addValue(30, "Wuhan", "Grapes");
        dataset.addValue(30, "Guangzhou", "Grapes");
        dataset.addValue(30, "Nanning", "Grapes");
        dataset.addValue(40, "Wuhan", "Banana");
        dataset.addValue(40, "Guangzhou", "Banana");
```

```
        dataset. addValue(40, "Nanning", "Banana");
        dataset. addValue(50, "Wuhan", "Peach");
        dataset. addValue(50, "Guangzhou", "Peach");
        dataset. addValue(50, "Nanning", "Peach");
        return dataset;
    }
    public static void main(String[] args) throws IOException
    {
        CategoryDataset dataset=Get_DataSet();
        JFreeChart chart=ChartFactory. createBarChart3D(
            "Annual sales of fruits ", // 图表标题
            "Fruits", // 设置目录轴的显示标签
            "Annual sales", // 设置数值轴的显示标签
            dataset, // 指定数据集
            PlotOrientation. VERTICAL, // 图表方向:水平、垂直
            true, //是否显示图例(若是简单的柱状图,则该参数必须是false)
            true, // 是否生成工具
            false // 是否生成 URL 链接
        );
        ChartFrame frame=new ChartFrame("Annual sales ", chart);
        frame. pack();
        frame. setVisible(true);
    }
```

绘制三维柱形图如图 7-11 所示。

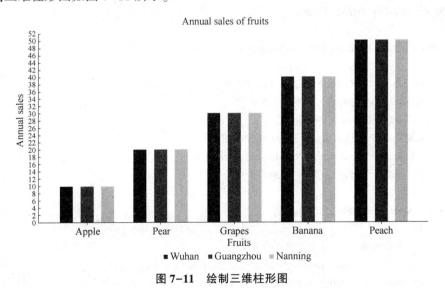

图 7-11 绘制三维柱形图

除了饼图、柱形图以外,还可用 JFreeChart 绘制时序图、条形图、直方图等其他类型的图形,有兴趣的读者可查阅 JFreeChart 的使用说明。

7.4.2 使用 GRAL 绘制图形

GRAL 是可满足一般数据科学中的绘图需求的一款开源可视化库,它具有以下特点。
(1) 包含全面的类,方便使用类进行数据管理。
(2) 包含数据处理和过滤的一般功能,如平滑、重新缩放、统计、直方图等。
(3) 可绘制图形的类型丰富,如散点图、气泡图、线型图、面积图、条形图、饼图、圆环图、箱线图等。
(4) 支持图例的水平和垂直显示。
(5) 支持各种数据轴类型,如直线轴、对数轴、任意轴数。
(6) 支持多种文件格式作为数据源或数据接收器,如 CSV、位图图像数据、音频文件数据等文件。
(7) 可以以位图和矢量文件格式(PNG、GIF、JPEG、EPS、PDF、SVG)导出绘图。
(8) 占用内存较少(约 300 KB)。

使用 GRAL,首先需要下载 GRAL 的 JAR 文件。在网页中找到 gral-core-0.11.jar 文件和 gral-examples-0.11.jar 文件(当前最新版本为 0.11 版)下载,下载后将这两个文件作为外部库添加到项目中。

使用 GRAL 绘制曲线的方式与 JFreeChart 绘制的方式类似,首先需要为数据集合指定数值,而后实例化出 *Plot 对象(*Plot 中的 *可以是 XYPlot 或 PiePlot 等),最后根据需要将图形绘制到窗体或文件中。

例 7-9 使用 GRAL 绘制余弦曲线。

代码如下:

```java
public class CosPlot extends JFrame
{
    public CosPlot(DataTable data) throws FileNotFoundException, IOException
    {
        setDefaultCloseOperation(EXIT_ON_CLOSE);
        setSize(1000, 800);      //设置窗体大小
        XYPlot plot=new XYPlot(data);
        getContentPane().add(new InteractivePanel(plot));
        LineRenderer lines=new DefaultLineRenderer2D();
        plot.setLineRenderers(data, lines);
    }
    public static void main(String[] args)
    {
        //生成余弦值,将数据加入数据表中
        DataTable data=new DataTable(Double.class, Double.class);
        for (double x=-5.0; x <= 5.0; x+=0.1)
        {
            double y_cos=5.0* Math.cos(x);
            data.add(x, y_cos);
        }
```

```
        CosPlot frame=null;
        try
        {
            frame=new CosPlot(data);
        }
        catch (IOException e)
        {
        }
        frame.setVisible(true);
    }
}
```

GRAL 绘制余弦曲线如图 7-12 所示。

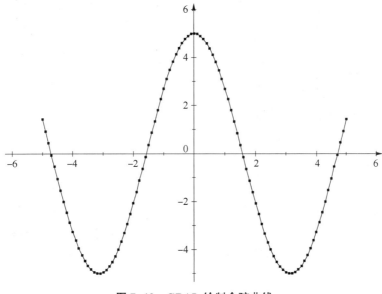

图 7-12 GRAL 绘制余弦曲线

7.5 本章小结

　　本章介绍了使用 Java 解决数据科学中常见问题的方法，主要包括使用 Apache Commons Math、Weka、JFreeChart 等库完成常见的数据获取及清洗、聚类分析、数据可视化。数据获取及清洗部分介绍了使用 Apache Commons IO、Apache Tika、Jsoup 获取文本型、PDF 型、网页型数据，以及使用正则表达式进行数据清洗的方法；统计分析部分介绍了使用 Apache Commons Math 进行常见描述性统计指标计算及概况分布统计的方法；聚类分析部分介绍了使用 Weka 和 Apache Commons Math 进行聚类分析；数据可视化部分介绍了 JFreeChart 和 GRAL 绘制常见图形的方法。通过本章学习，可以了解数据科学中常见的数据处理流程，初步掌握使用 Java 进行数据分析的技术。

习 题

1. 使用 Java 外部库进行数据分析有哪些优势？
2. 常见的用于数据科学的 Java 外部库有哪些，它们常用于解决数据科学中的哪些问题？
3. 如何读取 JSON、XML 等其他格式的数据？
4. 如何使用 Java 构建分类模型，并完成分析过程？
5. 如何使用 Java 构建回归分析模型，完成回归分析过程？

第 8 章

Android 与 Java

本章目标

- 了解 Android 的发展与现状。
- 了解 Android 与 Java 的关系。
- 理解 Android 的开发流程和体系结构。
- 掌握搭建 Android 应用开发环境的方法。

本章思维导图

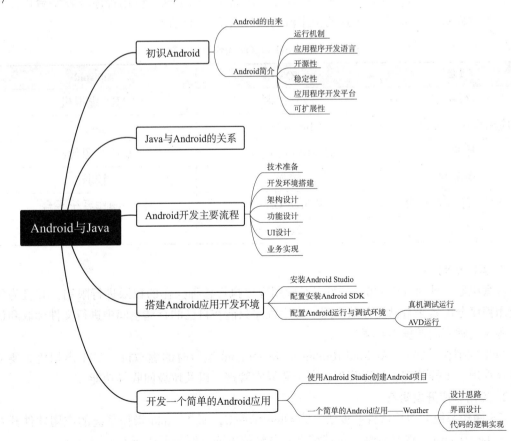

8.1 初识 Android

8.1.1 Android 的由来

Android 最初是由安迪·鲁宾（Andy Rubin）组建的 Android 团队于 2003 年研发的一个手机操作系统。2005 年，Google 公司收购了 Andy Rubin 创建的 Android 公司；2008 年，Google 发布了 Android 1.0 版本；2020 年，Google 发布 Android 11 版本。

8.1.2 Android 简介

Android 操作系统是以 Linux 系统为内核基础开发的一款开源性的手机操作系统。它继承了 Linux 系统开放性和多任务性处理的特点。因此，很多第三方都对 Android 操作系统进行优化以提高用户体验。

当前 Android 系统已成为移动手机市场上十分重要的操作系统，除了 Android 以外比较常见的手机操作系统还有 iOS、Windows phone（微软）、Blackberry（黑莓）。除了 Android 和 iOS 以外，其他手机操作系统都已经被淘汰或者即将被淘汰，可以说 Android 和 iOS 系统瓜分了智能手机的市场。

表 8-1 从运行机制、应用程序开发语言、开源性、稳定性、应用程序开发平台以及可扩展性等方面对 Android 和 iOS 这两个主流的操作系统进行比较。

表 8-1 Android 和 iOS 操作系统比较

项目	iOS	Android
运行机制	沙盒机制	ART 虚拟机
应用程序开发语言	Objective-C	Java
开源性	封闭性源代码	开放性源代码
稳定性	较强	较弱
应用程序开发平台	Mac OS	任一操作系统平台
可扩展性	较差	较好

1. 运行机制

沙盒机制：沙盒（SandBox）可以对应用程序执行各种操作的权限进行限制，并且为每个应用程序分配属于自己的存储空间。应用程序只能在自己的存储空间中进行文件读取和访问，各应用程序间数据不共享。

ART 虚拟机：ART（Android Runtime）是 Android 运行时的虚拟机。ART 虚拟机主要负责对象管理、堆栈管理、线程管理、安全和异常管理，以及垃圾回收等功能。

2. 应用程序开发语言

iOS 操作系统的应用软件开发语言为 Objective-C，而 Android 操作系统的应用软件开发语言为 Java。Java 在跨平台性、可移植性以及性能方面是明显要优于 Objective-C 的。

3. 开源性

iOS 与 Android 最大的区别是 Android 操作系统是开放性的。因此，很多手机厂商可以根据自身的需求和定位，对原生 Android 操作系统进行优化。目前，市面上存在很多第三方的 Android 操作系统，如华为 EMUI、小米 MIUI 以及魅族 Flyme 等。而 iOS 操作系统是封闭性的，系统的优化及改进，只能由苹果公司进行。

4. 稳定性

尽管 Android 操作系统在发展的过程中，对稳定性方面做出了不少改进。但是，由于 Android 操作系统是开源的，因此，在稳定性上，Android 与 iOS 相比始终稍逊一筹。

5. 应用程序开发平台

iOS 应用程序只能在 Mac OS 操作系统中开发，而 Android 应用程序开发则没有操作系统的限制。

6. 可扩展性

从系统的开放性和开发应用程序的开发语言来看，Android 操作系统的可扩展性以及应用性要优于 iOS。

8.2 Java 与 Android 的关系

Android 是一个基于 Linux 的手机开源操作系统，Java 则是一门程序开发语言。Android 操作系统开源的目的是让 Android 能在任何不同类型的硬件上运行，而一个应用程序要在跨平台的系统上运行其开发语言就必须是跨平台的。Android 的本质就是在 Linux 系统上添加 JVM，并且在虚拟机上构建 Java Application Framework。所有的 Android 应用程序都是基于 Java Application Framework 运行的。因此，Android 使用 Java 作为应用程序的开发语言，并且 Android 的 SDK 保留了 JDK 的大部分内容。Java 是 Android 操作系统应用程序开发的基础语言。Android 与 Java 图标如图 8-1 所示。

图 8-1　Android 与 Java
(a) Android；(b) Java

8.3 Android 开发主要流程

在开始 Android 应用开发之前，先介绍 Android 的体系结构及开发的主要流程。Android 的体系结构如图 8-2 所示。

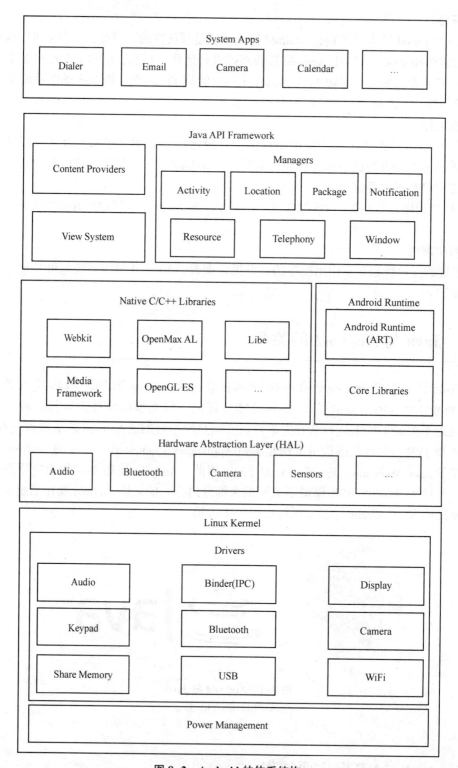

图 8-2 Android 的体系结构

Android 整体层次自下而上分为 Linux 内核层、硬件抽象层（HAL）、Android 操作系统运行层、Java API 框架层和系统应用层。

(1) Linux 内核层：Android 平台的基础是 Linux 内核。该层主要功能如下。
① 提供了内存管理、进程管理、网络协议和驱动模型等核心系统服务。
② 提供了驱动程序，如显示驱动、相机驱动、蓝牙驱动、电池管理等。
(2) 硬件抽象层（HAL）：硬件抽象层提供标准界面，向更高级别的 Java API 框架显示设备硬件功能。HAL 包含多个库模块，其中每个库模块都为特定类型的硬件组件实现一个界面，如相机或蓝牙模块。当框架 API 要求访问设备硬件时，Android 操作系统将为该硬件组件加载库模块。简单来说，就是对 Linux 内核驱动程序的封装，向上提供接口。
(3) Android 操作系统运行层：此层包含了原生 C/C++ 库和 Android Runtime（ART）。

原生 C/C++ 库：Android 操作系统的许多核心组件和服务构建来自原生代码，需要用 C 和 C++编写原生库。

Android Runtime（ART）：在 Android 4.4 版本出现之前，Android 的虚拟机是 Dalvik VM。在 Android 4.4 版本之后使用了新的运行环境 ART。ART 是面向嵌入式操作系统的虚拟机，并提供了与 JVM 兼容的接口。ART 与 Dalvik 最大的区别是，Dalvik 在执行应用程序时，通过编译器将 Dex 代码编译成本地机器代码执行，极大地影响了程序的运行速度；而 ART 在安装程序时，就会编译成机器代码，在执行应用程序时，可直接运行机器代码而无须进行编译，极大地优化了应用程序的运行速度。

(4) Java API 框架层：这一层为开发者提供了有可能用到的 API。
(5) 系统应用层：这一层提供了电子邮件、短信、日历、互联网浏览和联系人等系统核心应用以及开发者开发的应用。

Android 开发流程知识结构如图 8-3 所示。

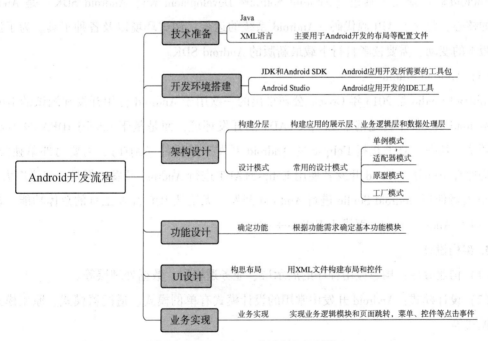

图 8-3　Android 开发流程知识结构

1. 技术准备

(1) Java。
Java 是 Android 应用开发的核心基础。

（2）XML 语言。

XML 是一种可扩展标记语言，在 Android 应用开发中，许多配置文件的 UI 布局都是用 XML 语言实现的。图 8-4 是某个 Android 开发项目的 res 资源文件目录，res 资源文件目录下的配置文件都是用 XML 实现的。

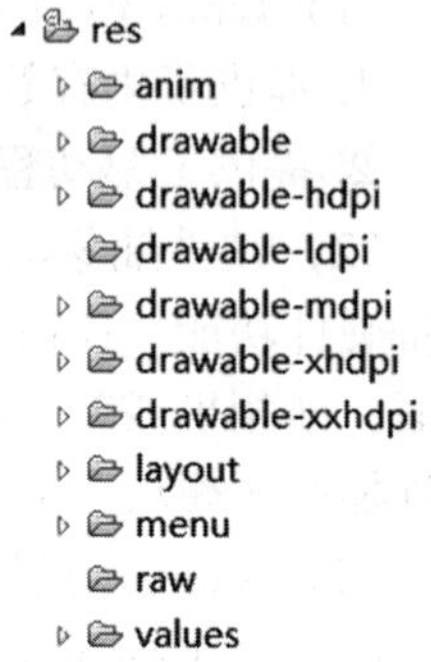

下面介绍 res 资源文件目录下各文件夹的主要功能。

anim：anim 目录下的 XML 文件主要用于配置 Android 应用中变换动画的效果。

drawable：drawable 目录下的 XML 文件主要定义图片、配置按钮的背景以及点击效果等。

图 8-4 res 资源文件目录

layout：layout 目录主要存放 Android 应用的 XML 布局文件。

menu：menu 目录主要存放 Android 应用的菜单样式 XML 文件。

values：values 目录主要存放 Android 应用的数据 XML 文件。

2. 开发环境搭建

（1）JDK。

（2）Android SDK。

Android 软件开发工具包（Android Software Development Kit，Android SDK）是 Android 开发的核心，包含了 API 源代码、Android 系统的运行、调试环境以及各种工具。为了适应最新版本的变动，需要读者自行下载最新版的 Android SDK。

（3）Android Studio。

Android Studio 是 2013 年 Google 公司推出的一款用于 Android 应用开发和测试的 IDE 工具。Android Studio 不再是基于 Eclipse+ADT 的开发环境，而是基于 IntelliJ IDEA 的 Android 开发环境。其中，ADT 是指 Eclipse 的 Android 开发工具插件（ADT），需要另外单独安装。尽管仍然有小部分 Android 开发者使用 Eclipse+ADT 进行 Android 开发，但是，建议广大 Android 开发者使用 Android Studio 进行 Android 开发。无论从 IDE 开发工具的总体功能，还是操作性上，Android Studio 都优于 Eclipse+ADT。

3. 架构设计

（1）构建分层：构建应用程序的展示层、业务逻辑层、数据处理层等。

（2）设计模式：Android 开发中常用的设计模式有单例模式、适配器模式、原型模式和工厂模式等。

4. 功能设计

确定功能：根据功能需求确定基本功能模块。

5. UI 设计

构思布局：用 XML 文件构建布局和控件，确定主页面以及界面总体颜色。

6. 业务实现

业务实现：根据程序基本功能实现业务逻辑模块，实现页面跳转、菜单、按钮等的单击事件。

8.4 搭建 Android 应用开发环境

开发 Android 应用需要搭建如下开发环境。

（1）Java JDK。

（2）Android SDK。

（3）Android 开发 IDE——Android Studio。

JDK 的安装与调试详见本书第 1 章。下面从 Android Studio 的安装和配置开始进行介绍，再详细介绍 Android 应用开发的项目运行和调试。

8.4.1 安装 Android Studio

下载安装 Android Studio 步骤如下。

（1）打开 Android 的官方网站，找到 Android Studio 的下载页面，如图 8-5 所示。

图 8-5　Android Studio 下载页面

（2）单击下载链接 DOWNLOAD ANDROID STUDIO 下载最新版本的 Android Studio，或者单击 DOWNLOAD OPTIONS 按钮进行选择下载不同操作系统的 Android Studio，如图 8-6 所示。可以下载 Windows、Mac、Linux 以及 Chrome OS 4 个操作系统版本的 Android Studio。本书主要介绍 Windows 版本的 Android Studio 3.6.3 的下载与安装。

（3）Windows 系统可以下载安装版和免安装版，下面介绍安装版的安装过程。下载 Android Studio 3.6.3 版本安装可执行文件后可直接双击打开，进行安装。Android Studio 安装界面如图 8-7 所示。

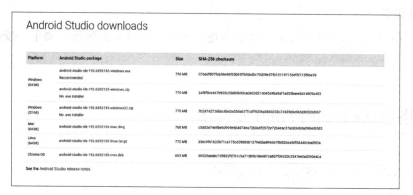

图 8-6　其他系统 Android Studio 的下载链接

图 8-7　Android Studio 安装界面

（4）单击 Next 按钮进行下一步，选择需要安装的组件，如图 8-8 所示。

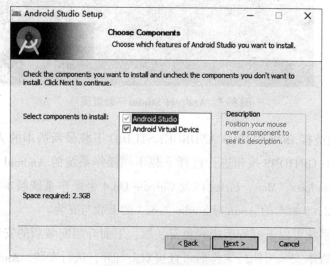

图 8-8　选择安装组件

(5) 单击 Next 按钮进行下一步,配置安装路径,如图 8-9 所示。

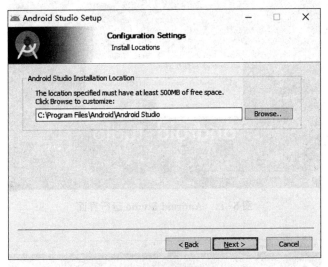

图 8-9 配置安装路径

(6) 配置完安装路径后,单击 Next 按钮开始安装 Android Studio,出现图 8-10 的界面表示安装成功。

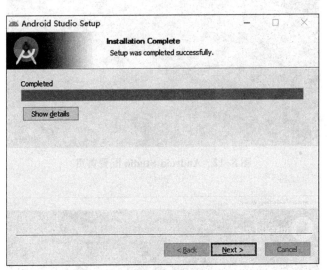

图 8-10 安装成功

(7) 成功安装 Android Studio 后,由于我们没有安装 SDK,所以初次运行的时候 Android Studio 没有检测到 SDK,会出现图 8-11 中的错误提示。

(8) 单击 Cancel 关闭错误提示,打开 Android Studio 软件,通过 SDK Manager 下载 SDK。开始运行 Android Studio 之前要对 Android Studio 进行配置,如图 8-12 所示。

(9) 单击 Next 进行下一步,选择安装类型,如图 8-13 所示,选择 Standard(标准版)安装 Android Studio,下一步选择 Android Studio 主题界面。

(10) 选择安装组件,如果没有安装 SDK,则会在这一步安装 SDK,如图 8-14 所示;如果已经安装了 SDK,则需要指向已安装 SDK 的文件路径。

图 8-11　Android Studio 运行界面

图 8-12　Android Studio 配置首页

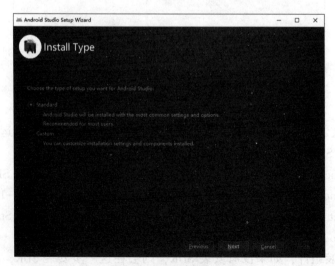

图 8-13　选择安装类型

第 8 章 Android 与 Java

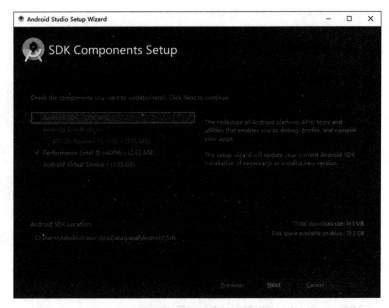

图 8-14　SDK 安装组件设置

（11）单击 Next 按钮后单击 Finish 按钮即可开始下载组件。
（12）组件下载完成后，就可以开始使用 Android Studio。Android Studio 开始界面如图 8-15 所示。

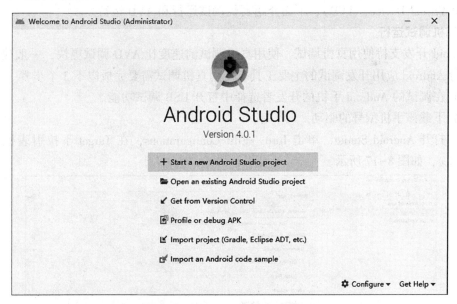

图 8-15　Android Studio 开始界面

至此，Android Studio 安装完成。

8.4.2　配置安装 Android SDK

通过 Android Studio 管理 SDK，首先单击 Tools→SDK Manager。图 8-16 所示为 SDK 管理界面，从该界面可以看到所有的 SDK 版本，可根据自身需求下载对应的 SDK 版本，本书下载安装的 SDK 是 Android 10 版本。

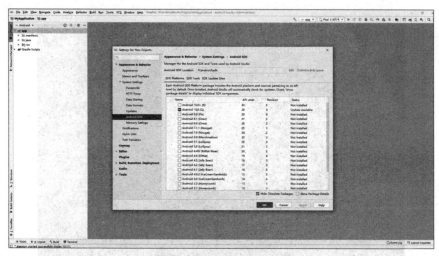

图 8-16 SDK 管理界面

8.4.3 配置 Android 运行与调试环境

Android 应用开发需要在 Android 设备上运行和调试，可通过真机设备和虚拟设备对 Android 应用调试运行。虚拟设备又分为第三方的安卓模拟器和 Android Studio 的安卓虚拟设备（Android Virtual Device，AVD），下面介绍真机调试运行和 AVD 运行。

1. 真机调试运行

Android 开发支持使用真机调试，使用真机调试的速度比 AVD 调试更快，一般建议使用真机进行 Android 应用开发调试的主要工具。使用真机调试需要完成以下 3 个步骤。

（1）在调试的 Android 手机的开发者选择中打开 USB 调试功能。

（2）下载该手机型号的驱动。

（3）打开 Android Studio，单击 Run→Edit Configurations，在 Target 下拉引表框中选择 USB Device，如图 8-17 所示。

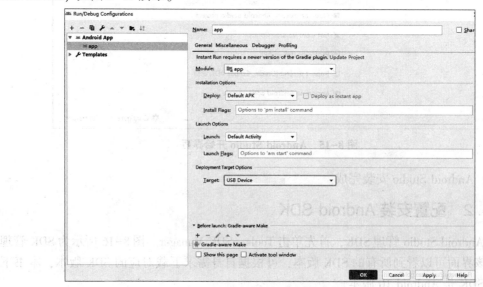

图 8-17 真机调试设置

2. AVD 运行

创建 AVD 之前，读者需要创建一个 ANDROID_SDK_HOME 系统变量来存放虚拟设备。如果没有创建系统变量，则 Android Studio 会默认将创建的 AVD 保存在 C：\Users\Administrator\.android 下。如果设置了系统变量，则 Android Studio 就会将 AVD 存放在该系统变量的文件路径中。

需要注意的是，此处的 ANDROID_SDK_HOME 与配置 Java 环境的 JAVA_HOME 有所不同。JAVA_HOME 配置的是 JDK 的安装路径，而 ANDROID_SDK_HOME 配置的是 AVD 的存放路径而不是 SDK 的安装路径。

在 Android Studio 中可通过 AVD Manager 管理 AVD，生成 AVD 的步骤如下。

（1）单击 Tools→AVD Manager，如图 8-18 所示。

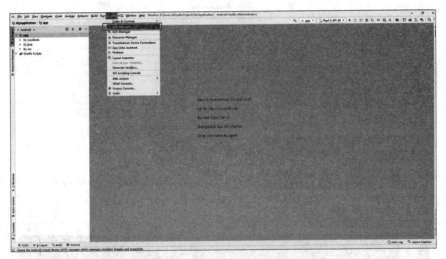

图 8-18　AVD Manager 管理

（2）单击 Create Virtual Device 按钮创建 AVD 设备，如图 8-19 所示。

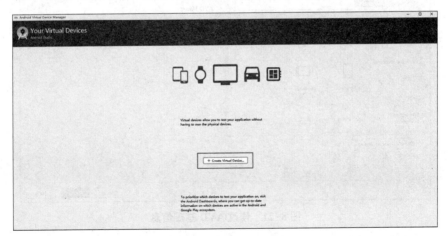

图 8-19　创建 AVD 设备

（3）根据需求选择配置的设备，本书选择了屏幕大小为 5.0 寸，分辨率为 1 080×1 920 的设备。

（4）选择系统图标，如图 8-20 所示。

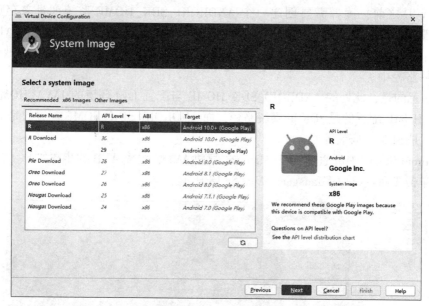

图 8-20　选择 Android 应用系统图标

（5）选择所需图标后，单击 Next 按钮，等待组件安装完成。

（6）组件安装完成后，修改 AVD 的基本信息，即 AVD 名称、启动方式等，可根据需求进行修改，如图 8-21 所示。

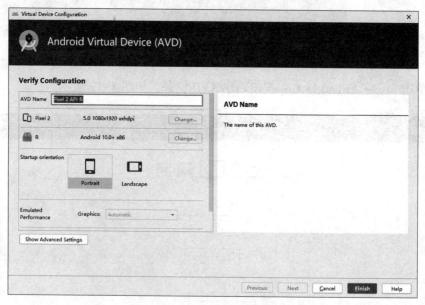

图 8-21　修改 AVD 基础信息

（7）单击三角形按钮启动 AVD，如图 8-22 所示。

（8）启动后 AVD 主界面如图 8-23 所示。

第 8 章　Android 与 Java

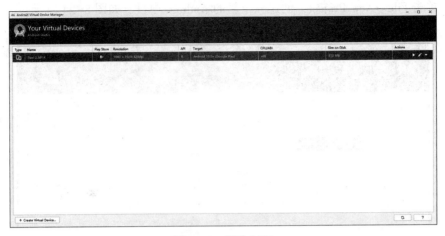

图 8-22　启动 AVD

图 8-23　AVD 主界面

8.5　开发一个简单的 Android 应用

对 Android 应用开发环境配置完成之后，下面开始介绍创建一个 Android 应用并对其进行解析。

8.5.1　使用 Android Studio 创建 Android 项目

使用 Android Studio 创建 Android 项目需要以下两个步骤。

（1）单击 File→New Project，创建一个新的 Android 项目，如图 8-24 所示。

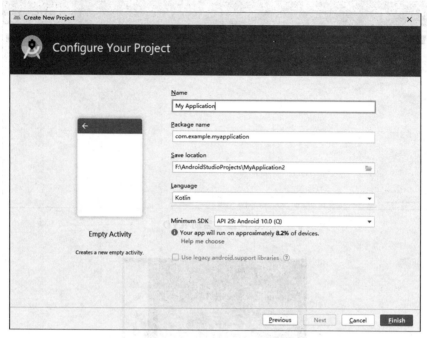

图 8-24　创建新 Android 项目

（2）单击 Finish 按扭，新项目即可创建成功。项目创建成功之后可看到图 8-25 中的项目结构。

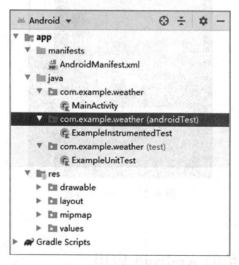

图 8-25　项目结构

8.5.2　一个简单的 Android 应用——Weather

为了让读者更清楚地了解 Android 应用的开发流程，本小节介绍一个简单的 Android 应用——Weather（天气预报 App）。首先给出 Weather 应用的开发流程思维导图，如图 8-26 所示。

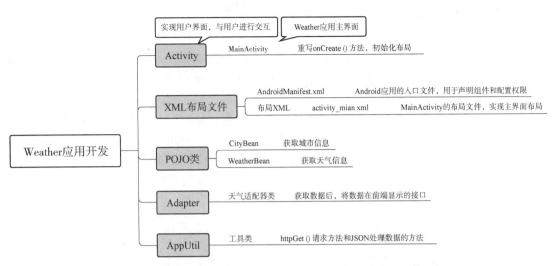

图 8-26　Weather 应用开发流程思维导图

图 8-27 和图 8-28 所示分别是软件的主界面和项目结构目录。

图 8-27　Weather 主界面

图 8-28　Weather 项目结构目录

Weather 软件的主要功能为定位城市并获取该城市的天气数据。下面详细介绍本款软件的设计思路、界面设计以及代码的逻辑实现。

1. 设计思路

Weather 软件与大多数 Android 软件一样，第一步先进行界面设计；界面设计完成后，第二步进行功能的逻辑实现，每完成一个功能的逻辑实现便通过真机调试运行测试功能的完整性。完成整个软件开发后，再进行一遍完整的测试运行。

2. 界面设计

Weather 软件的界面设计较为简单，主要有两个。第一个是搜索城市的搜索框，第二个是天气数据的 RecyclerView。

3. 代码的逻辑实现

（1）Activity 类。

Activity 类是 Android 的四大组件之一，负责与用户的交互。Activity 类继承了 AppCompatActivity 类，每个 Activity 都提供了一个单独的界面，且每个 Activity 都必须要在 AndroidManifest.xml 配置文件中声明。

Weather 项目的 MainActivity 代表了此项目的主界面。MainActivity 继承了 AppCompatActivity 类，需要重写 Activity 生命周期中的回调方法，如 onCreate( )、onStart( )、onResume( )、onPause( )、onStop( ) 以及 onDestroy( )。下面将重点讲解如何重写 onCreate( ) 方法。

OnCreate( ) 是系统在创建 Activity 时会调用的方法。需要在 onCreate( ) 方法中初始化 Activity 的基本组成部分和调用布局，代码如下：

```java
public void onCreate(Bundle bundle)
{
    super.onCreate(bundle);
    //初始化 Activity 的基本组成部分和调用布局
    initView();
    //初始化天气数据
    initData();
    //初始化监听事件
    initEvent();
}
```

① 初始化 Activity 的基本组成部分和调用布局。

initView( ) 是用来初始化布局并且调用相关控件的方法，代码如下：

```java
private void initView()
{
    //调用 XML 布局文件,显示布局
    setContentView(R.layout.activity_main);
    //调用自动完成文本框
    cityAutoCompleteTextView=findViewById(R.id.cityAutoCompleteTextView);
    //调用 TextView
    cityTextView=findViewById(R.id.cityTextView);
    //调用列表
    weatherRecyclerView=findViewById(R.id.weatherRecyclerView);
}
```

Activity 如果需要把指定布局显示出来就要调用 setContentView( ) 方法，而 setContentView( ) 方法则需调用指定的 XML 布局文件。

② 初始化天气数据。

initData( ) 是初始化天气数据的方法，代码如下：

```java
private void initData()
{
    //初始化城市适配器
    cityArrayAdapter=new ArrayAdapter<>(MainActivity.this,
```

```java
        android.R.layout.simple_dropdown_item_1line, new ArrayList<>());
//在自动完成文本框中设置城市适配器
cityAutoCompleteTextView.setAdapter(cityArrayAdapter);
//设置用户至少输入几个字符才会显示提示
cityAutoCompleteTextView.setThreshold(1);
//关闭天气列表触摸获取焦点
weatherRecyclerView.setFocusableInTouchMode(false);
weatherRecyclerView.requestFocus();
//天气列表设置天气适配器
weatherRecyclerView.setAdapter(weatherAdapter);
//确定 Item 的改变不会影响 RecyclerView 的宽高,避免让 RecyclerView 重新计算大小
weatherRecyclerView.setHasFixedSize(true);
//设置操作 Item 时无动画显示
weatherRecyclerView.setItemAnimator(null);
//关闭嵌套滑动
weatherRecyclerView.setNestedScrollingEnabled(false);
//设置组件垂直往下
weatherRecyclerView.setLayoutManager(new LinearLayoutManager(this));
//获取当前天气
cityTextView.setText("正在查询天气…");
//子线程通知主线程 Handler 更新天气
new Thread(() ->
    {
        //获取当前天气
        result=httpGet(API_WEATHER);
        Message message=new Message();
        message.what=QUERY_WEATHER;
        handler.sendMessage(message);
    }).start();
}
```

Handler 更新天气的代码如下:

```java
//Handler 处理 UI 更新
private final Handler handler=new Handler()
{
    public void handleMessage(Message message)
    {
        switch (message.what)
        {
            //搜索城市
            case QUERY_CITY:
                cityArrayAdapter.clear();
                cityArrayList.clear();
                //cityArrayList 添加城市信息
```

```java
                    cityArrayList.addAll(json2ArrayList(
                        getJsonString(result,"data"), CityBean.class));
                    for (int i=0; i < cityArrayList.size(); i++)
                    {
                        //城市适配器添加
                        cityArrayAdapter.add(cityArrayList.get(i).getCityZh());
                    }
                    //提醒城市适配器更新 UI
                    cityArrayAdapter.notifyDataSetChanged();
                    break;
                //查找城市对应的天气
                case QUERY_WEATHER:
                    weatherArrayList.clear();
                    //weatherArrayList 添加天气数据
                    weatherArrayList.addAll(json2ArrayList(
                        getJsonString(result,"data"), WeatherBean.class));
                    //提醒天气适配器更新 UI
                    weatherAdapter.notifyDataSetChanged();
                    cityTextView.setText("当前城市:");
                    cityTextView.append(getJsonString(result, "city"));
                    break;
            }
        }
    }
```

③ 初始化监听事件。

在 initEvent() 方法中设置程序监听事件，用于查询城市天气，代码如下：

```java
//添加监听事件
private void initEvent()
{
    //设置自动完成文本框监听搜索按钮
    //监听输入框字符变化
    cityAutoCompleteTextView.setOnEditorActionListener(
        (textView, i, keyEvent)
        {
            if (i==EditorInfo.IME_ACTION_SEARCH)
            {
                String city=cityAutoCompleteTextView.getText().toString();
                if (!TextUtils.isEmpty(city))
                {
                    //查找城市 id
                    for (int j=0; j < cityArrayList.size(); j++)
                    {
```

```
                if (cityArrayList.get(j).getCityZh().equals(city))
                    {
            cityTextView.setText("正在查询天气…");
            final String id=cityArrayList.get(j).getId();
                //更新天气
            new Thread(() ->
                {
            result=httpGet(API_WEATHER + id);
            Message message=new Message();
            message.what=QUERY_WEATHER;
            handler.sendMessage(message);
                }).start();
                break;
                }
            }
        }
    }
        return false;
    });
//在自动完成文本框中添加监听
cityAutoCompleteTextView.addTextChangedListener(new TextWatcher()
    {
//在 TextView 中的文本改变之前调用这个方法
public void beforeTextChanged(CharSequence charSequence, int i, int i1, int i2){}
//在 TextView 中的文本改变的过程中调用这个方法，更新天气
public void onTextChanged(CharSequence charSequence, int i, int i1, int i2)
        {
//查询天气
String word=cityAutoCompleteTextView.getText().toString();
            if (!TextUtils.isEmpty(word))
                {
                new Thread(() ->
                    {
                        result=httpGet(API_CITY + word);
                        Message message=new Message();
                        message.what=QUERY_CITY;
                        handler.sendMessage(message);
                    }).start();
                }
            }
//在 TextView 中的文本改变之后调用这个方法
public void afterTextChanged(Editable editable) { }
    });
}
```

通过对 cityAuto CompleteTextView 控件添加监听事件来查询城市以及对应城市的天气，并用子线程通知 Handler 更新 UI。

（2）实现城市类。

城市类主要是用来获取城市的主要信息。在解析天气网站返回的 JSON 数据时，由于 JSON 中的一些字段直接使用 Java 字段来命名可能不合适，故这里可以使用@SerializedName 注解的方式来让 JSON 字段和 Java 字段之间建立映射关系，因此城市类需要定义如下部分属性，并为每个属性定义 Setter、getter 方法。代码如下：

```java
@SuppressWarnings("ALL")
public class CityBean implements Serializable
{
    @SerializedName("id")
    private String id="";
    @SerializedName("cityEn")
    private String cityEn="";
    @SerializedName("cityZh")
    private String cityZh="";
    …
}
```

（3）实现天气类。

天气类主要是获取对应城市的天气信息，实现方法与城市类基本类似。天气类需要定义 14 个天气属性，部分属性设置代码如下：

```java
@SuppressWarnings("ALL")
public class WeatherBean implements Serializable
{
    @SerializedName("day")
    private String day="";
    @SerializedName("date")
    private String date="";
    @SerializedName("week")
    private String week="";
    @SerializedName("wea")
    private String wea="";
    …
}
```

（4）实现天气适配器类。

天气适配器类继承了 RecyclerView.Adapter 类。Adapter 类是获取数据后，将数据在前端显示的接口，是连接数据和 UI（View）的桥梁。Adapter 主要的任务是：创建 ViewHolder 并将数据绑定到 ViewHolder 上，代码如下：

```java
public class WeatherAdapter extends
    RecyclerView.Adapter<WeatherAdapter.ViewHolder>
{
    private final ArrayList<WeatherBean> arrayList;
```

```java
        WeatherAdapter(ArrayList<WeatherBean> arrayList)
    {
        this.arrayList=arrayList;
    }
    public void onBindViewHolder(@NonNull ViewHolder holder, int position)
    {
        WeatherBean bean=arrayList.get(position);
        holder.temTextView.setText(bean.getTem2().replace("℃",""));
        holder.weatherTextView.setText(bean.getWea());
        holder.speedTextView.setText("风速:");
        holder.speedTextView.append(bean.getWinSpeed());
        holder.dayTextView.setText(bean.getDay());
        holder.dateTextView.setText(bean.getDate());
    }
    public ViewHolder onCreateViewHolder(
            @NonNull ViewGroup group, int viewType)
    {
        View view=LayoutInflater.from(group.getContext()).inflate(
                R.layout.item_weather, group, false);
        return new ViewHolder(view);
    }
    public int getItemCount() {
        return arrayList.size();
    }
    //ViewHolder承载的是每一个列表项的视图,因此内部类ViewHolder的具体代码如下
    class ViewHolder extends RecyclerView.ViewHolder
    {
        private final AppCompatTextView temTextView;
        private final AppCompatTextView weatherTextView;
        private final AppCompatTextView speedTextView;
        private final AppCompatTextView dayTextView;
        private final AppCompatTextView dateTextView;
        private ViewHolder(View view)
        {
            super(view);
            temTextView=view.findViewById(R.id.temTextView);
            weatherTextView=view.findViewById(R.id.weatherTextView);
            speedTextView=view.findViewById(R.id.speedTextView);
            dayTextView=view.findViewById(R.id.dayTextView);
            dateTextView=view.findViewById(R.id.dateTextView);
        }
    }
}
```

（5）工具类。

本示例程序使用到一个工具类 AppUtil 类，该类包含了 httpGet( ) 请求方法和 JSON 处理数据的方法。

① httpGet( ) 方法。代码如下：

```java
public static String httpGet(String link)
{
    BufferedReader bufferedReader=null;
    StringBuilder result=new StringBuilder();
    try
    {
        URL url=new URL(link);
        URLConnection urlConnection=url.openConnection();
        urlConnection.setRequestProperty("accept", "*/*");
        urlConnection.setRequestProperty("connection", "Keep-Alive");
        urlConnection.setRequestProperty("user-agent",
            "Mozilla/4.0 (compatible; MSIE 6.0; Windows NT 5.1; SV1)");
        urlConnection.connect();
        //获取请求结果
        String line;
        bufferedReader=new BufferedReader(
            new InputStreamReader (urlConnection.getInputStream()));
        while ((line=bufferedReader.readLine()) != null)
            result.append("\n").append(line);
    }
    catch (Exception e)
    {
        //抛出请求不成功或协议不匹配的异常
        e.printStackTrace();
    }
    finally
    {
        try
        {
            if (bufferedReader != null) bufferedReader.close();
        }
        catch (IOException e)
        {
            e.printStackTrace();
        }
    }
    return result.toString();
}
```

② getJsonString( )方法。

该方法用来解析 JSON 对象,首先将 JSON 字符串转换为 JSON 对象,然后再解析 JSON 对象,代码如下:

```java
//解析 JSON 字符对象
public static String getJsonString(String json, String name)
{
    try
    {
        JSONObject jsonObject=new JSONObject(json);
        return jsonObject. getString(name);
    }
    catch (JSONException e)
    {
        e. printStackTrace();
        return "";
    }
}
```

③ json2ArrayList( )方法。

该方法将 JSON 对象转为对应的实体,代码如下:

```java
//JSON 转数组对象
public static <T> ArrayList<T> json2ArrayList(String json, Class<T> cls)
{
    try
    {
        ArrayList<T> arrayList=new ArrayList<>();
        JSONArray jsonArray=new JSONArray(json);
        for (int i=0; i < jsonArray. length(); i++)
        {
            //将 JSON 对象转为对应实体
            arrayList. add(new Gson(). fromJson(jsonArray. getString(i), cls));
        }
        return arrayList;
    }
    catch (JSONException e)
    {
        e. printStackTrace();
        return new ArrayList<>();
    }
}
```

本节介绍了通过 httpGet( )请求方法获取天气数据并解析 JSON 处理数据的方法。

8.6 本章小结

本章首先简要介绍了 Android 的历史，什么是 Android 并简单比较 Android 与 iOS 的特点；简单介绍了 Java 与 Android 的关系和 Android 开发的主要流程；详细介绍了搭建 Android 应用开发环境的步骤，读者需要熟练掌握下载安装 Android SDK 和 Android Studio 以及配置 Android 运行与调试的环境。最后，本章介绍了一个 Android 应用——Weather。

习 题

1. 请简述 Activity 在 Android 应用程序中的作用。
2. 请简述 SDK 在 Android 开发中的作用。
3. 请简述 Android 体系结构层次划分及各层的作用。
4. 请简述 AndroidManifest.xml 文件的作用。
5. 请简述 Java 与 Android 的联系与区别。

参考文献

[1] 阎宏. Java 与模式［M］. 北京：电子工业出版社，2002.
[2] 魏淑芬. 关于面向对象软件开发技术的哲学思考［J］. 甘肃农业，2006（10）：222.
[3] 唐晓晖. 软件开发中的哲学［J］. 大众科技，2008（09）：11-13.
[4] 胡兴华. 软件技术的哲学探究［D］. 复旦大学，2008.
[5] 李兴华. Java 开发实战经典［M］. 北京：清华大学出版社，2009.
[6] 辛运帏，饶一梅. Java 程序设计.［M］. 4 版. 北京：清华大学出版社，2017.
[7] 李刚. 疯狂 Android 讲义.［M］. 4 版. 北京：电子工业出版社，2019.
[8] 李兴华. Android 开发实战经典［M］. 北京：清华大学出版社，2012.